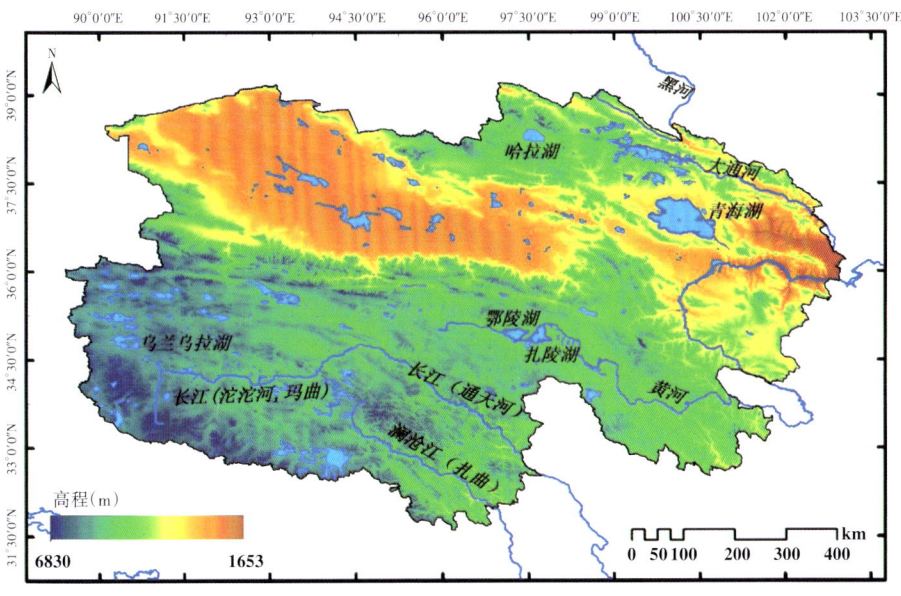

【彩图1】青海省主要河流及湖泊分布

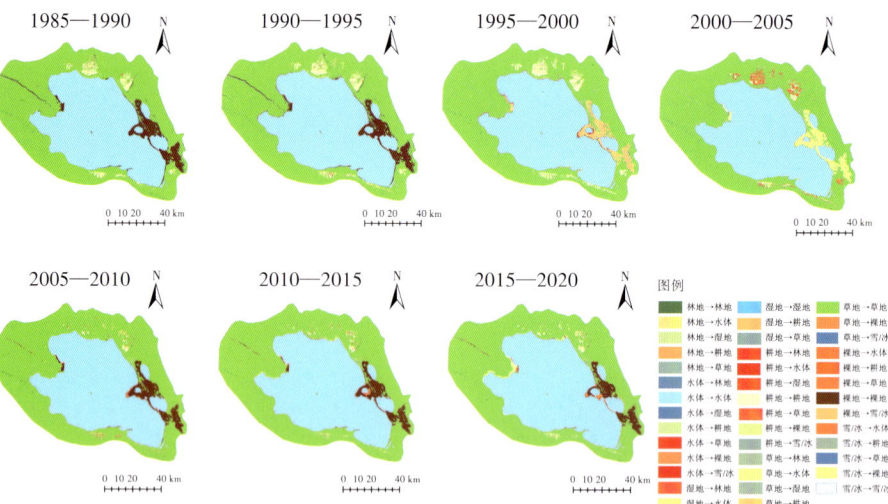

【彩图2】1985—2020年青海湖湖区土地利用变化

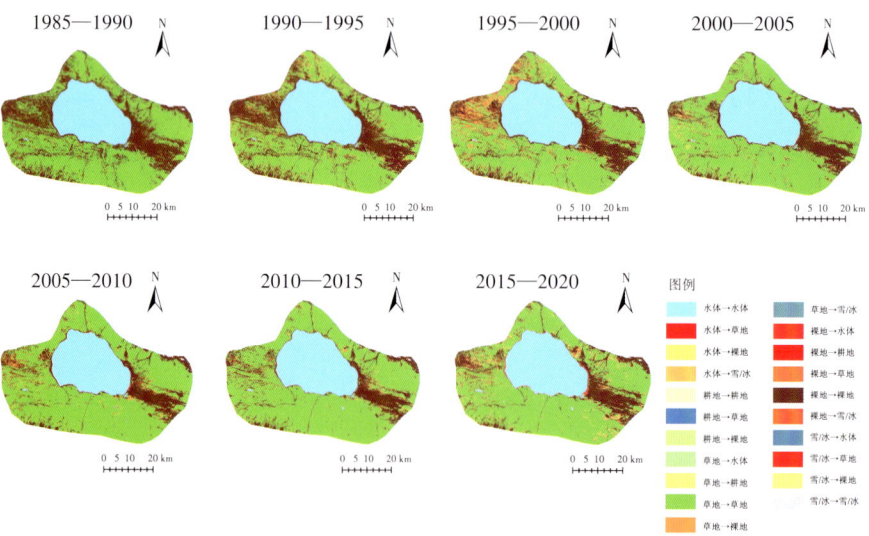

【彩图3】1985—2020年哈拉湖湖区土地利用变化

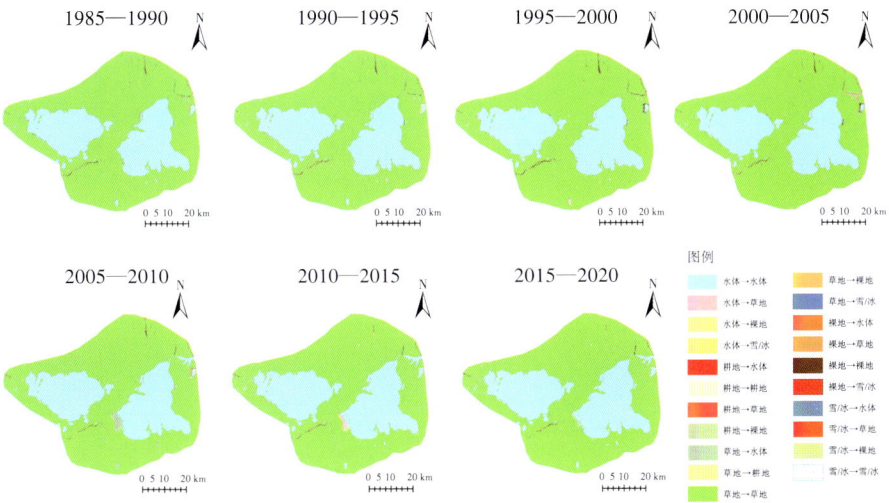

【彩图4】1985—2020年扎陵湖和鄂陵湖湖区土地利用变化

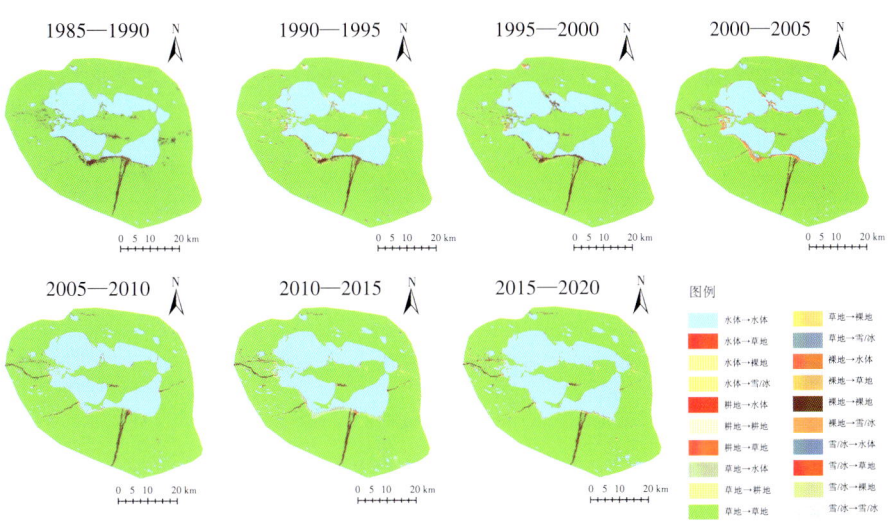

【彩图5】1985—2020年乌兰乌拉湖湖区土地利用变化

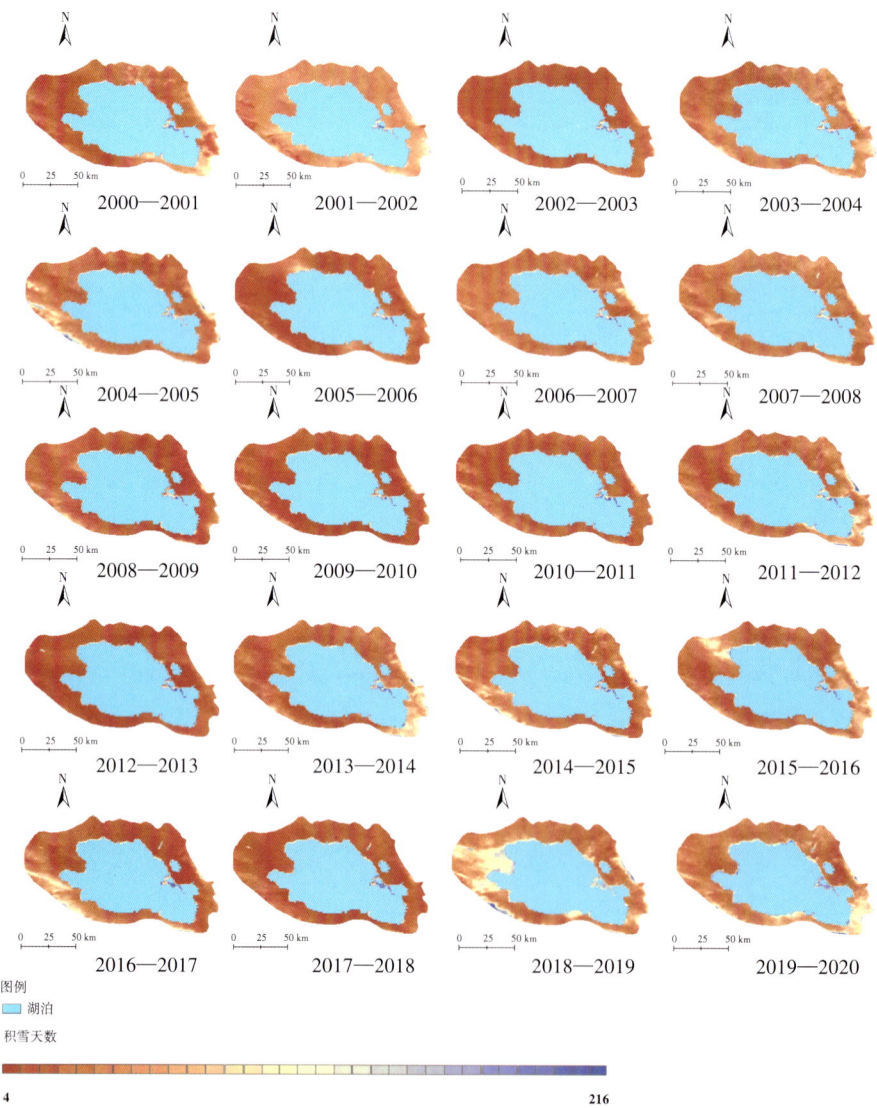

【彩图6】2000—2020年青海湖湖区积雪天数

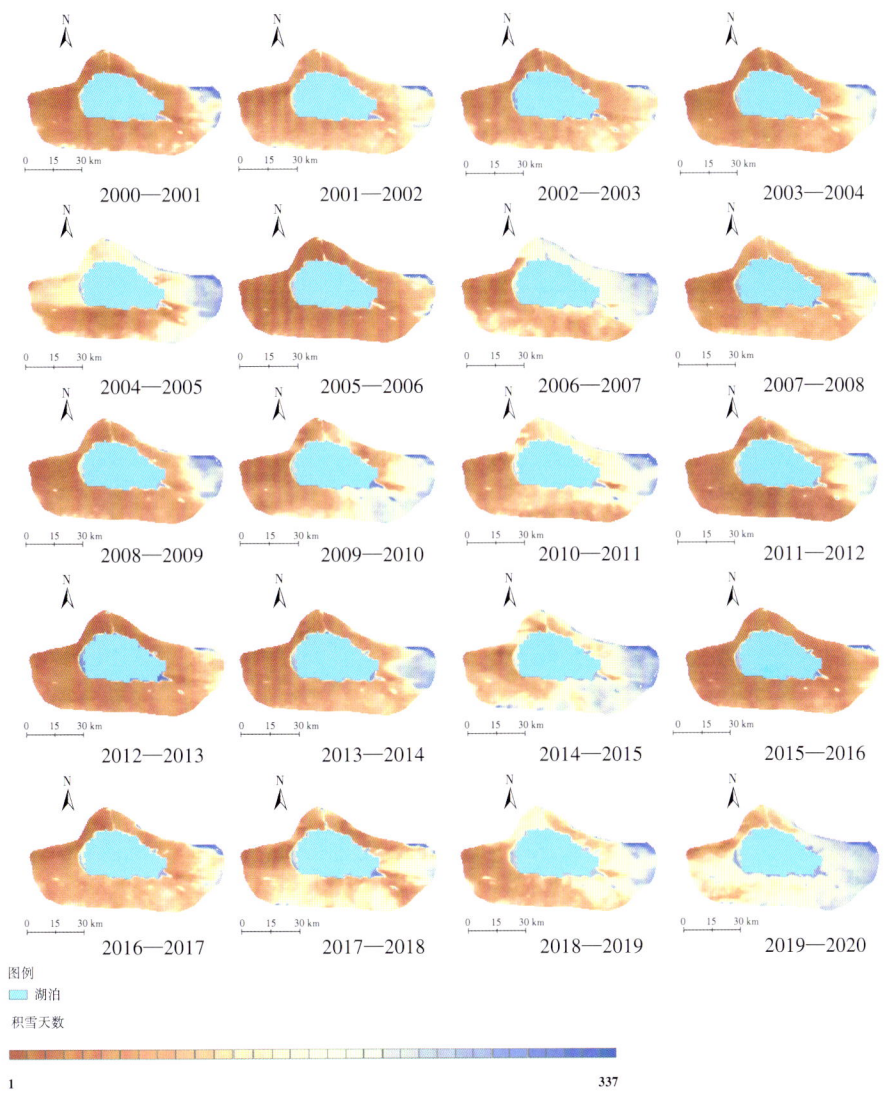

【彩图7】2000—2020年哈拉湖湖区积雪天数

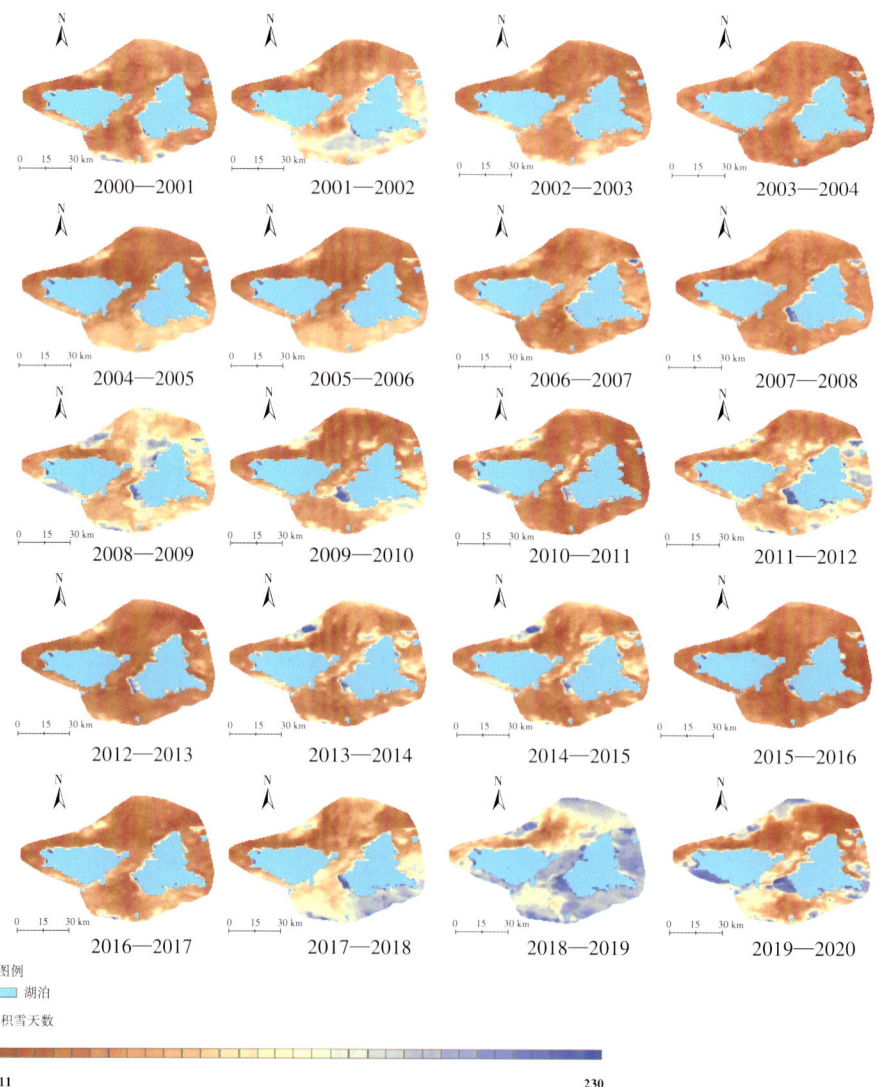

【彩图8】2000—2020年扎陵湖和鄂陵湖湖区积雪天数

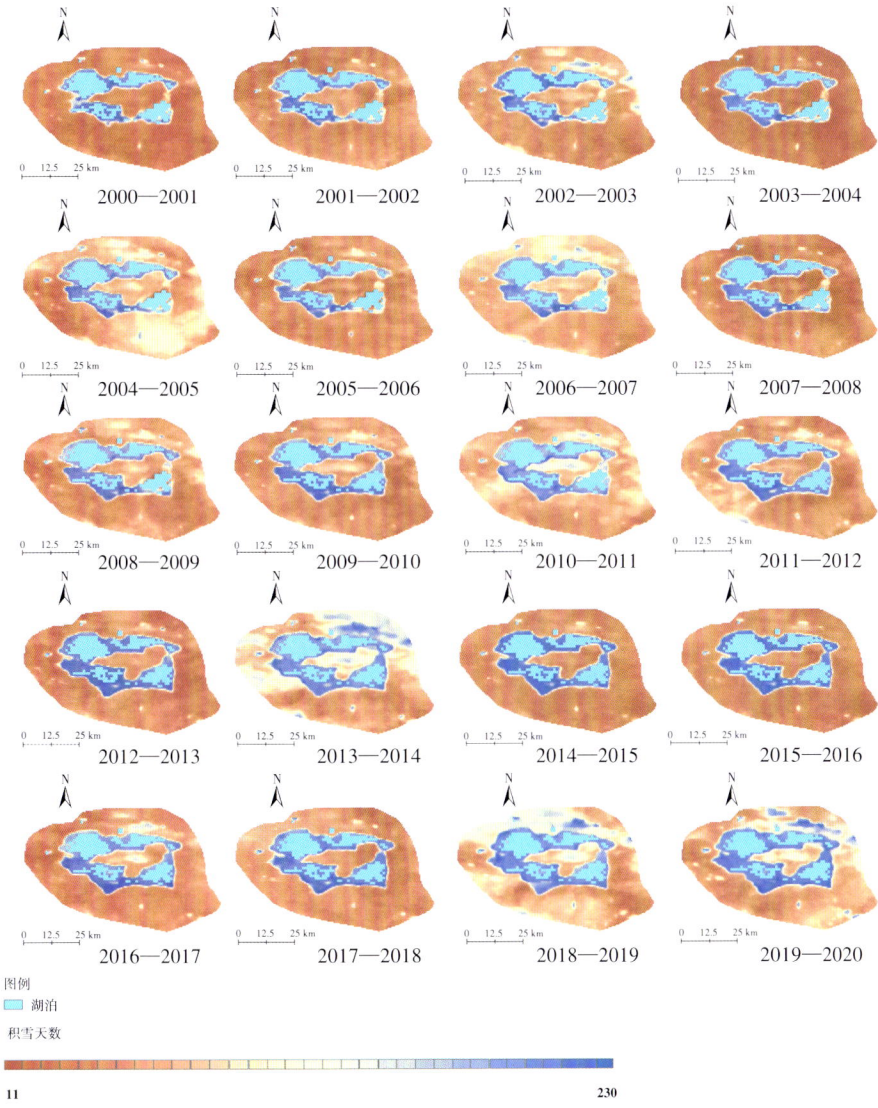

【彩图9】2000—2020年乌兰乌拉湖湖区积雪天数

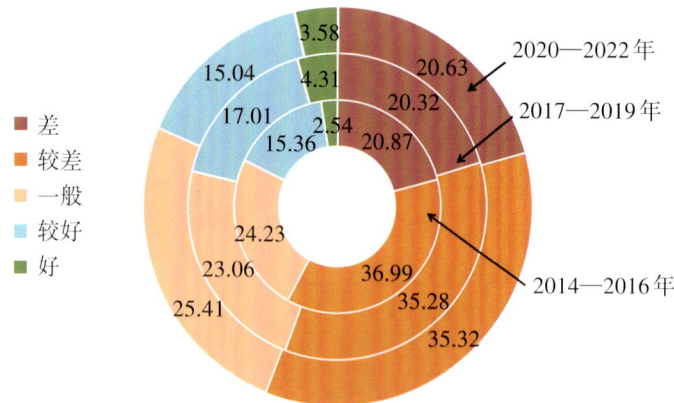

【彩图10】青海省不同生态评级占比图

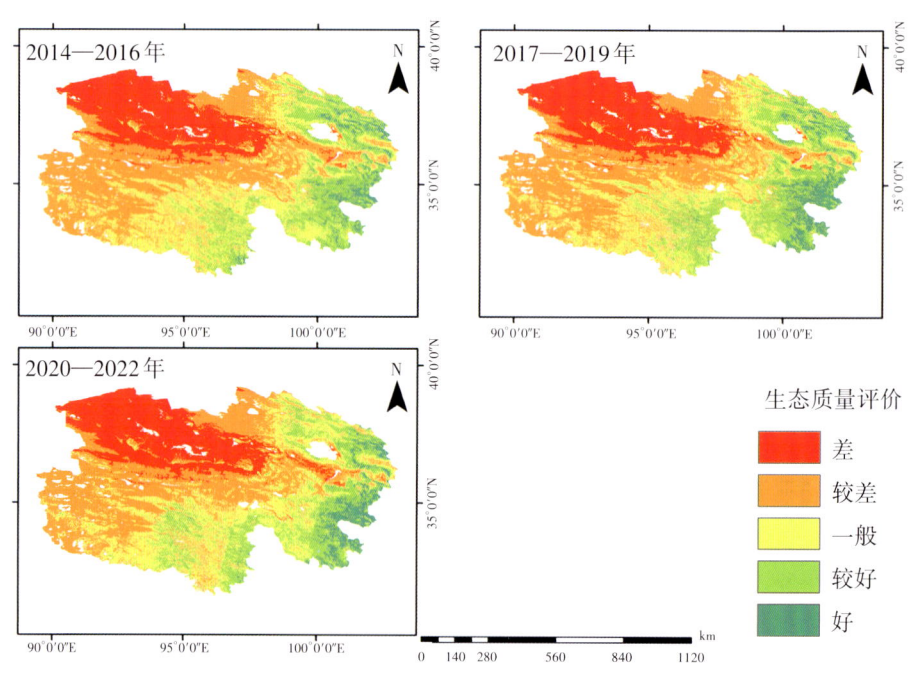

【彩图11】青海省生态质量分布图

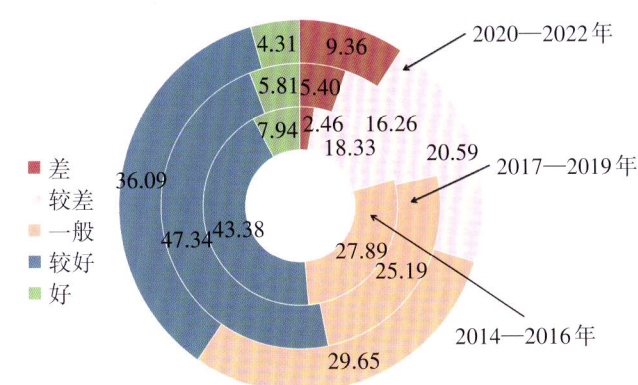

【彩图12】青海湖周边地区不同生态评级占比图

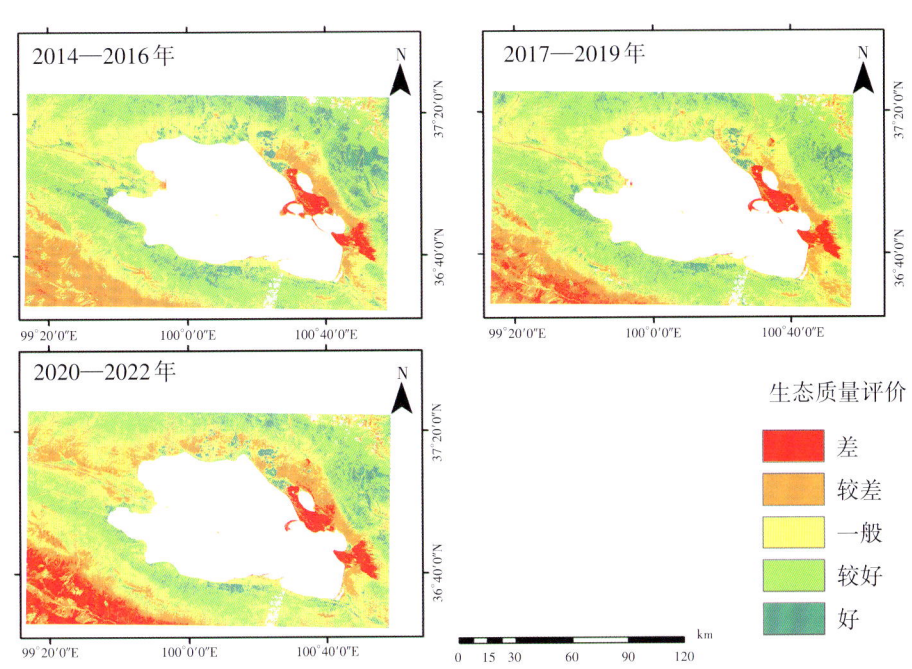

【彩图13】青海湖周边地区生态质量分布图

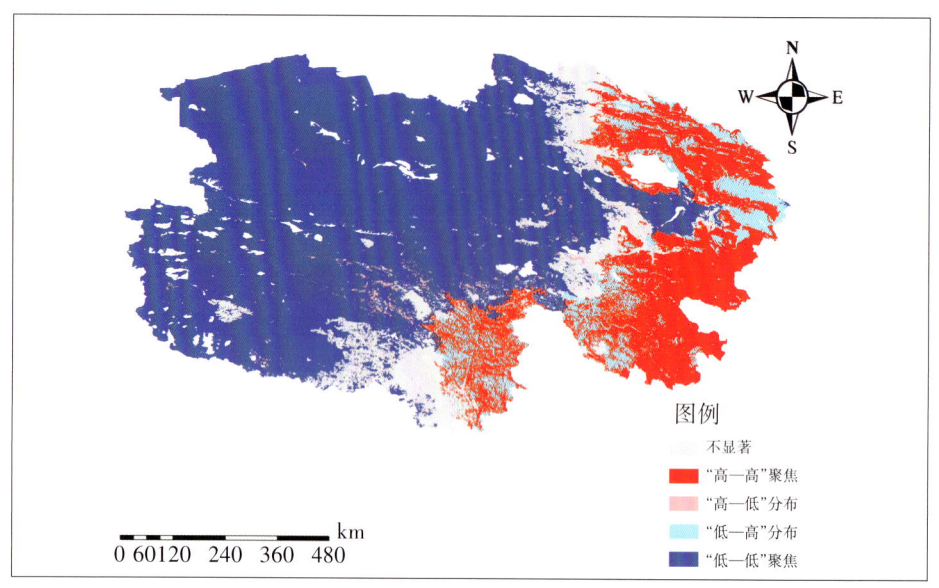

【彩图14】青海省局部自相关聚散图

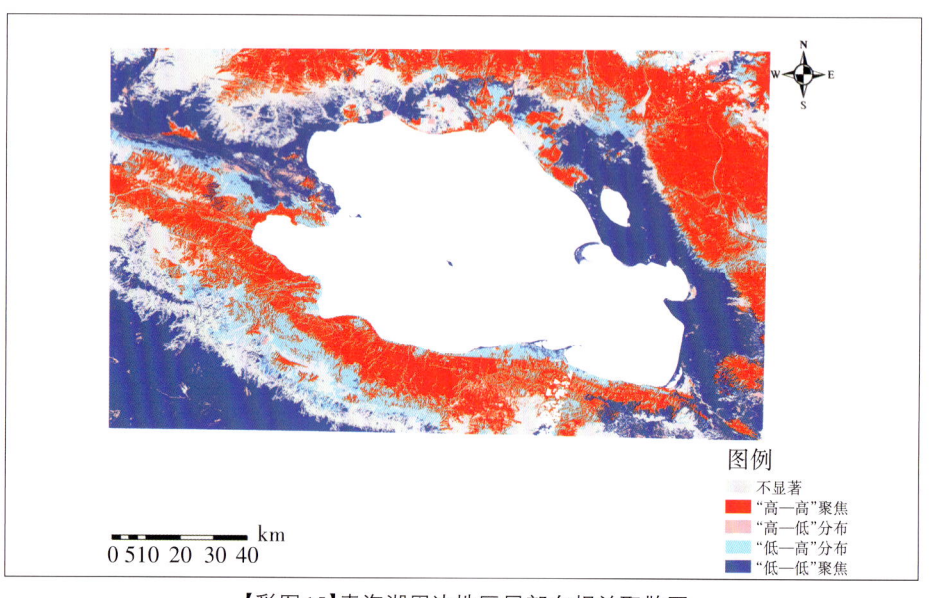

【彩图15】青海湖周边地区局部自相关聚散图

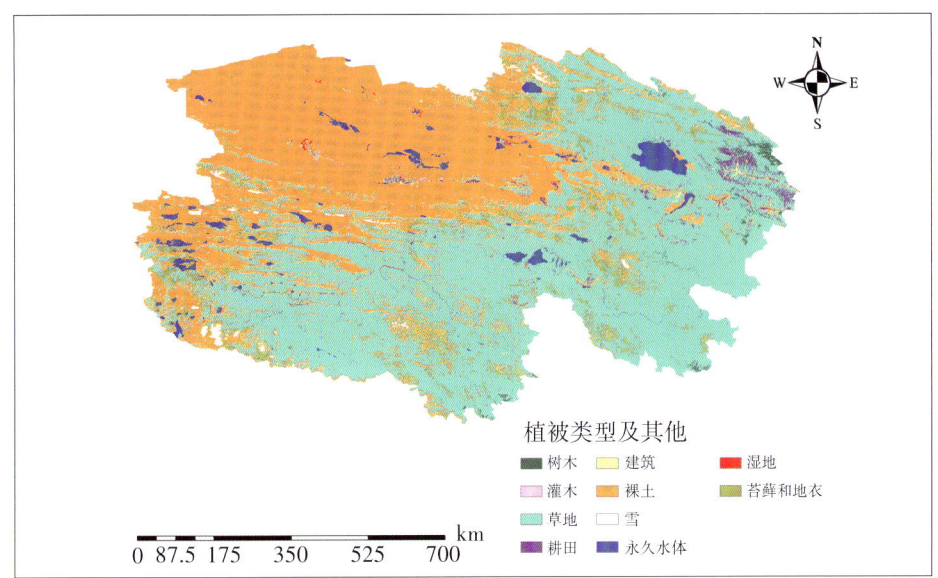

【彩图16】青海省植被分类图

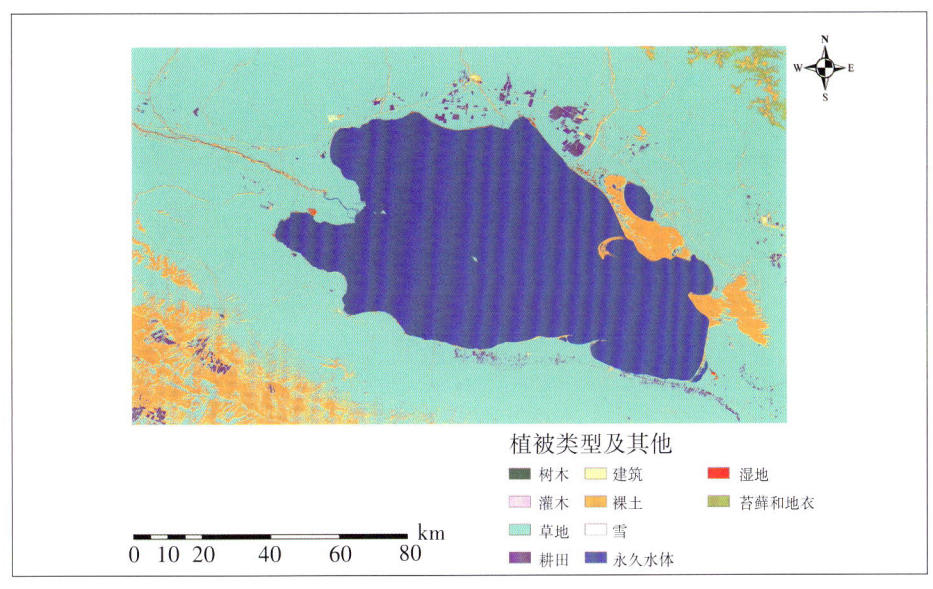

【彩图17】青海湖周边地区植被分类图

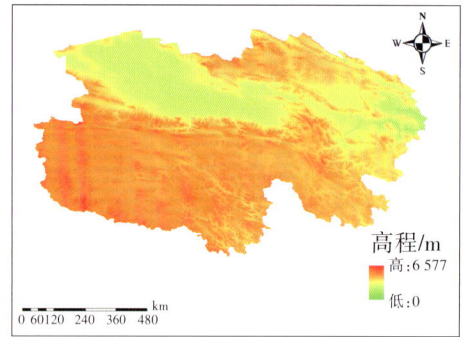

【彩图18】青海省DEM图 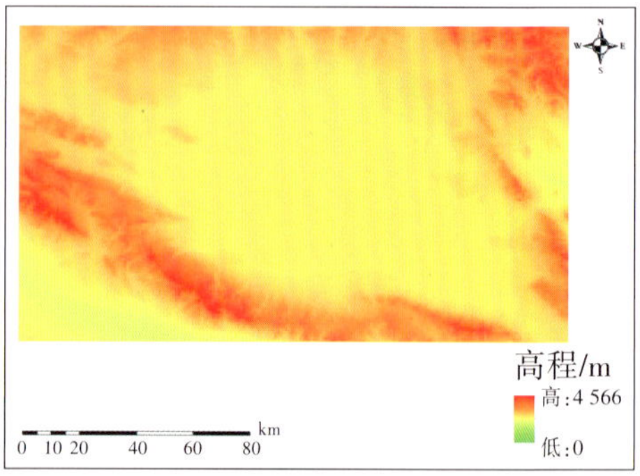　　　　　　　　【彩图19】青海湖周边地区DEM图

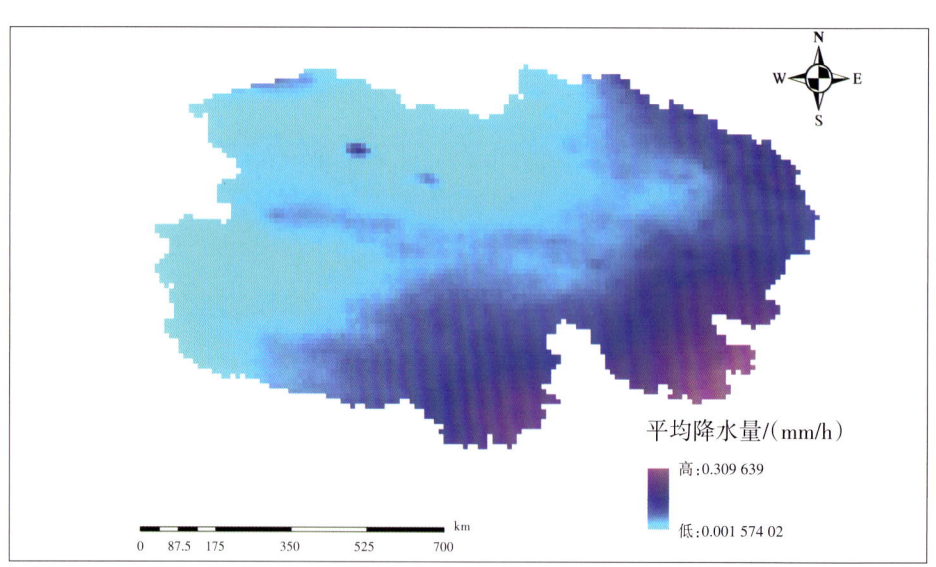

【彩图20】青海省降水分布图

青海省湖泊的动态时空变化特征及其归因

孟苏菊 薛勇 祝茂良 主编

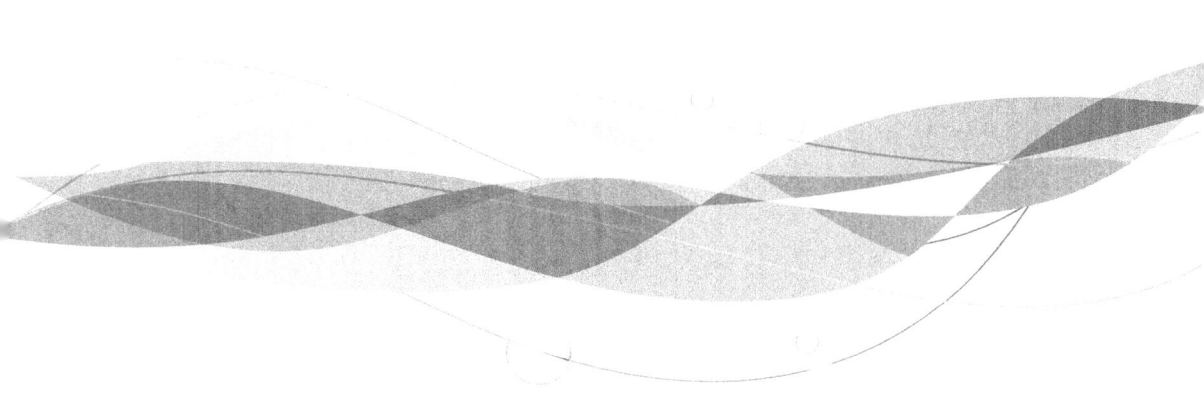

西南大学出版社
国家一级出版社 全国百佳图书出版单位

图书在版编目(CIP)数据

青海省湖泊的动态时空变化特征及其归因 / 孟苏菊,薛勇,祝茂良主编. -- 重庆：西南大学出版社, 2024.6
ISBN 978-7-5697-2394-6

Ⅰ. ①青… Ⅱ. ①孟… ②薛… ③祝… Ⅲ. ①湖泊－环境演化－研究－青海 Ⅳ. ①P942.44.78

中国国家版本馆CIP数据核字(2024)第103944号

青海省湖泊的动态时空变化特征及其归因
QINGHAI SHENG HUPO DE DONGTAI SHIKONG BIANHUA TEZHENG JIQI GUIYIN
孟苏菊　薛勇　祝茂良　主编

责任编辑：	朱春玲
责任校对：	郑祖艺
特约校对：	蒋云琪
装帧设计：	艺点
照　　排：	黄金红
出版发行：	西南大学出版社(原西南师范大学出版社)
	网　　址：http://www.xdcbs.com
	地　　址：重庆市北碚区天生路2号
	邮　　编：400715
经　　销：	新华书店
印　　刷：	重庆新生代彩印技术有限公司
成品尺寸：	170 mm × 240 mm
印　　张：	12.75
插　　页：	6
字　　数：	153千字
版　　次：	2024年6月 第1版
印　　次：	2024年6月 第1次印刷
书　　号：	ISBN 978-7-5697-2394-6
定　　价：	58.00元

编委会

主　　编：孟苏菊　薛　勇　祝茂良

副 主 编：刘　慧　吴笑天　王晓波

　　　　　凌肖露　崔腾飞

编写人员：

　　　　　张　辉　庄乾乐　冯国杰　丁　毅

　　　　　朱兴军　李积玲　李　剑　贺里梅

　　　　　何生娟　韩晓红　黄晓慧　熊增连

　　　　　叶永年　唐泽宇　许思诺　李政隆

　　　　　王　鹏　张亦萌　肖子涵　张梦源

　　　　　张文浩　谢逸云　吴星寰

目录
CONTENTS

第一章　绪论…001

第二章　青海省重点湖泊概况…007
 2.1　青海省地理概况…009
 2.2　青海湖研究区概况…012
 2.3　哈拉湖研究区概况…014
 2.4　鄂陵湖研究区概况…015
 2.5　扎陵湖研究区概况…016
 2.6　乌兰乌拉湖研究区概况…017

第三章　青海省重点湖泊面积的提取、处理及验证…019
 3.1　下载Landsat卫星影像数据…021
 3.2　面积提取方法…026
 3.3　验证方法…033
 3.4　湖泊面积的验证…035

第四章　青海省全省湖泊要素的时空演变规律…053
 4.1　湖泊面积…055

4.2　湖泊形状…066
　　4.3　湖泊数量…069
　　4.4　利用SWAT水文分析模型模拟湖泊变化…071
　　4.5　利用非间距灰色预测模型（Verhulst模型）预测湖泊的面积…079
　　4.6　小结…085

第五章　青海省重点湖泊要素的长时间演变分析及驱动因子…087
　　5.1　青海省重点湖泊水域土地利用类型变化特点及影响分析…089
　　5.2　青海省重点湖泊面积与积雪的响应关系…107
　　5.3　青海省重点湖泊面积与水文变量的响应关系…116
　　5.4　人类活动对青海省重点湖泊面积的影响…135

第六章　青海省近十年生态环境变化分析…161
　　6.1　RSEI简介及构建…163
　　6.2　主成分分析结果…171
　　6.3　RSEI时间格局分析…173
　　6.4　RSEI空间格局分析…177
　　6.5　RSEI影响因素分析…179
　　6.6　小结…182

第七章　结论和展望…185
　　7.1　主要结论和建议…187
　　7.2　展望…192

重要参考文献…193

CHAPTER
1

第一章

绪论

湖泊是地球表面具有一定规模的天然洼地的水域,由湖盆、湖水、水中矿物质以及水中生物组成,是陆地表面仅次于冰川的第二大蓄水体。湖泊是全球生物地球化学循环的中心枢纽,是支持流域可持续性的关键要素,在调节区域气候、维护水域安全、保持生态系统平衡以及提供工业和生活用水等方面发挥着不可替代的作用。从全球整体视角出发,湖泊在全球生态系统中发挥着重要作用,并以其在地表的广泛存在与覆盖,将地球表面各圈层系统紧密相连。同时,湖泊受全球气候条件和地质地貌环境直接影响,也受区域流域自然与人文因素共同影响。因此,湖泊可作为区域生态与环境变化的重要评价指标[1-2]。

我国共有面积大于 $1.0 \ km^2$ 的天然湖泊两千多个,总面积达到 $91\ 019.6\ km^2$,主要集中在东部平原地区、青藏高原地区、云贵高原地区、蒙新高原地区和东北平原地区与山区 5 个自然分区。湖泊作为我国重要的国土资源,拥有着独特的资源、生态和文化价值,在保障人民的日常用水安全和工业产业用水稳定、防洪抗旱、维护生物多样性等方面发挥着不可替代的作用。"山水林田湖草沙",自党的十八大以来,党中央和各地方政府高度重视生态文明建设。在党的二十大报告中,习近平总书记指出,要持续深入打好蓝天、碧水、净土保卫战。统筹水资源、水环境、水生态治理,推动重要江河湖库生态保护治理。

青海省水资源总量丰富,但供求矛盾仍表现显著。青海省人口总数少、产业经济总量低、社会经济发展与水资源分布不相匹配等,已成为阻碍省内社会经济发展的重要因素。同时,青海省位于青藏高原东北部,地势高,气候干燥、寒冷,自然环境恶劣,人类活动影响小,省内湖泊变化主要受自然因素影响,仍保持着自然原始状态,故可通过研究湖泊面积和数量的变化过程、趋势来分析区域环境变化。伴随着我国经济科技的快速发展,人类活动对环境的影响日益加重[3-4]。因此,以青海省内青海湖、哈拉湖、鄂陵湖、扎陵湖、乌兰乌拉湖五大湖泊为例,对青海省重点湖泊水域土地利用类型变化特点及影响进行分析研究具有一定实际意义。

湖泊变化反映了气候变化和人类活动的影响[5-7]。着眼全球,城市化、工业化进展加速,人口规模庞大,社会、经济和文化发展迅速,进一步加剧人类活动对地表环境的影响,全球土地利用与土地覆盖变化(LULCC)发展达到史无前例的速度。随着全球气候环境变化和人类活动影响加剧,世界各地的湖泊水域变化巨大,不仅湖泊面积、数量、分布和形态等面临着空前的问题与挑战,湖泊的水质和水生生物种群与数量变化也十分明显。在局部尺度上,LULCC监测对生态系统、生物多样性、水质等有重要影响,同时,LULCC可反映由人为因素或自然现象引起的连续动态变化过程。因此,对青海省重点湖泊水域土地利用类型变化进行动态研究,有着独特的价值意义[8]。

全球气候变化是当今世界面临的最严峻的挑战之一,它对地球上的各种生态系统和自然资源造成了巨大的威胁。全球气候变化的主要原因是人类活动导致的温室气体排放增加,主要后果是极端天气的发生频率和强度增加,如干旱、洪水、风暴、热浪等,这些极端天气对于人类的生命财产安全和社会经济发展都有着严重的影响[9]。在全球气候变化的背景下,地表气象要素也发生了显著的变化,这些变化对地表水资源的分布和利用产生了深远的影响[10-11]。湖泊作为地表水资源的重要组成部分,既是气象要素变化的敏感指示器,也是气象要素变化的重要响应区域[12-13]。湖泊与气象要素之间存在着复杂而紧密的相互作用机制,这是一个值得研究的重要课题,它涉及湖泊系统的形成、演化和保护等多个方面,具有重要的科学价值和社会价值。

湖泊是区域水循环的重要组成部分,在区域水资源平衡中起着举足轻重的作用。湖泊的生灭、扩张与收缩,都将不同程度地反映并影响区域乃至全球的气候变化、生态环境与地质构造等。通过对湖泊水域动态变化的研究,能够及时掌握区域水量平衡状态,进而探明外部因素(如自然因素和人类活动)对湖面面积变化的影响,对湖泊资源的可持续开发、科学利用和保护具有十分重要的意义[14]。

人类在工业、农业等方面的发展导致湖泊水体及周边生态状况在许多方面都发生了重大变化,如湖泊水体面积、农业和工业的用地情况等[15-16]。湖泊的退化加剧荒漠化和盐尘暴,并破坏当地的生态环境。青藏高原东北部和邻近地区的湖泊总表面积自2000年至今期间呈总体增加的趋势,其主要原因是全球变暖导致的气温上升和降水量增加。湖泊变化反映了一部分区域的人类活动对当地环境造成的影响,故通过研究青海省内湖泊的时空演变,可探索人类活动对湖泊变化的影响以及因素。

随着人口的日益增长与经济的腾飞,现代社会人类与自然环境之间的矛盾已经日渐凸显。人类的日常生产生活都会给周围的环境带来一定的影响,如土壤的污染、植被的减少等,而这种影响最终会反作用于我们自身,甚至直接威胁我们的生存。如何保护环境、推动生态文明的建设成为当今社会的一个重要课题。党的十八大以来,我国就将生态文明建设作为统筹推进"五位一体"总体布局和协调推进"四个全面"战略布局的重要内容。而在生态文明建设中,环境的监测管理起到十分关键的作用。做好环境的监测管理,不仅可以研究不同生态环境问题的变化规律和发展趋势,还可以为我国相关环境保护问题提供决策制定上的支持,以进一步探索出一条适合我国国情与相关区域的生态环境保护途径[17]。

遥感,作为一种在远距离范围和不接触目标物体的情况下对目标进行探测的科学手段,能够快速且高效地获取大范围区域内的监测数据。随着科技进步日新月异,遥感已经迈入了智能化的大门,其在区域生态环境监测与评价当中已经得到了越来越广泛的应用,同时也取得了大量的研究成果[18-22]。可以说,遥感技术已经成为生态环境监测和评价工作中不可或缺的一种技术手段,为我们研究青海省湖泊面积变化及其驱动因子提供了很好的数据基础。

第二章

青海省重点湖泊概况

2.1 青海省地理概况

青海省,简称"青",地处中国西北的青藏高原,省会是西宁市。青海省的东北部和甘肃省接壤,西北部与新疆维吾尔自治区接壤,南部和西南部与西藏自治区相接,东南部则与四川省毗邻。青海省是黄河、长江和澜沧江这三条重要江河的发源地,享有"三江源"的美誉。由于覆盖着祁连山、昆仑山等高山,青海省平均海拔偏高,夏季气温相较于同纬度的其他地区稍低,且积雪较多、冰川遍布。近年来,在气候变化和人类活动的双重影响下,青海省的生态环境质量出现了明显的变化,植被退化、水源涵养能力低等生态问题逐渐暴露在人们的视野之中。因此,保护青海省生态环境、做好青海省环境质量监测迫在眉睫。

青海省位于中国西北内陆,全省东西长约1 240 km,南北宽约844 km,总面积72.23万 km²。青海省地势总体呈西高东低,南北高中部低的态势。其地貌复杂多样,五分之四以上的地区为高原,东部多山、海拔较低,西部为高原和盆地(彩图1);水系繁杂,包含黄河、长江、澜沧江、黑河、大通河五大水系(图2.1)。青海省内湖泊众多,地下水资源量为

281.6亿 m³，面积在 1 km² 以上的湖泊有 242 个，省内湖水总面积达 13 098.04 km²，居全国第二，水资源总量丰富。青海省集水面积在 500 km² 以上的河流达 380 条，全省年径流总量为 611.23 亿 m³，水资源总量居全国第 15 位，人均占有量约为全国平均水平的 5.3 倍。黄河总径流量的 49%、长江总径流量的 1.8%、澜沧江总径流量的 17%、黑河总径流量的 45.1% 从青海流出，每年约有 596 亿 m³ 的水流出青海。

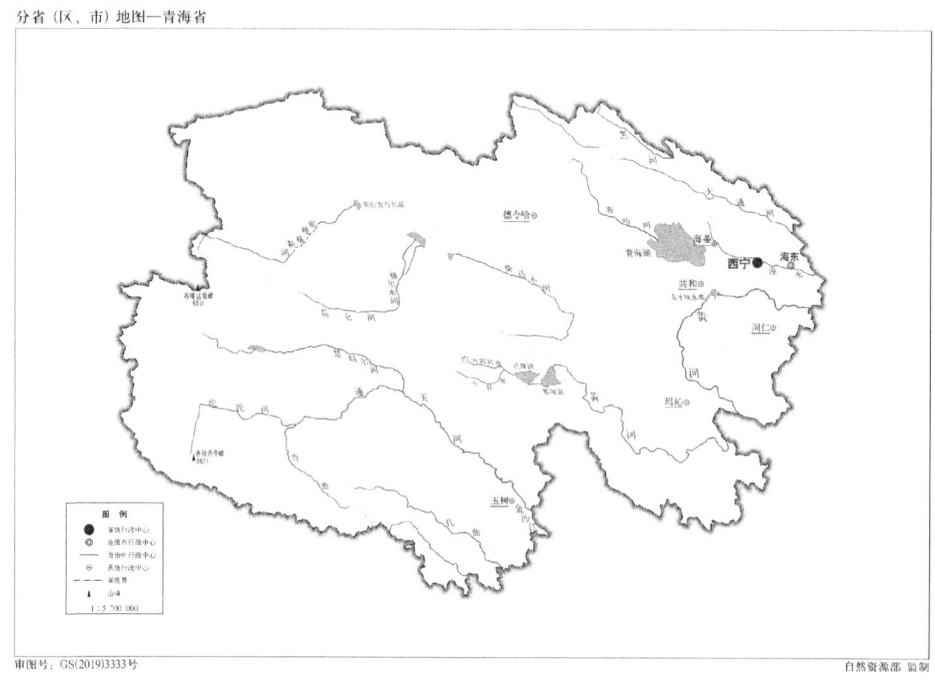

图 2.1　青海省概况图

青海省深居内陆，远离海洋，地处青藏高原，属于高原大陆性气候。其气候特征是：日照时间长、辐射强；冬季漫长、夏季凉爽；气温日较差大,年较差小;降水量少,地域差异大,东部雨水较多,西部干燥多风,缺氧、寒冷。年平均气温受地形的影响,其总的分布形势是北高南低。青海湖、哈拉湖、鄂陵湖、扎陵湖、乌兰乌拉湖等湖泊是主要的大湖,具备极其重要的生态价值和经济价值。青海省重点湖泊的地理范围详见表2.1。

表2.1 青海省重点湖泊的地理范围

湖泊	纬度范围	经度范围
青海湖	36°28′27″N~37°16′50″N	99°34′08″E~100°54′04″E
哈拉湖	38°09′37″N~38°09′37″N	97°22′38″E~97°51′33″E
鄂陵湖	34°43′41″N~35°05′02″N	97°30′18″E~97°57′29″E
扎陵湖	34°43′41″N~35°05′02″N	96°59′24″E~97°31′27″E
乌兰乌拉湖	34°39′51″N~34°55′09″N	90°13′55″E~90°44′42″E

2.2 ‖ 青海湖研究区概况

青海湖,藏语名为"措温布"(意为"青色的海")。位于青藏高原东北部、青海省西北地区,地处青海省刚察县、共和县和海晏县的交界处(图2.2),是中国最大的内陆湖。由祁连山脉的大通山、日月山与青海南山之间的断层陷落形成。青海湖是咸水湖,是维系青藏高原东北部生态安全的重要水体。青海湖呈椭圆形,湖体长104 km,平均宽63 km,湖面海拔3 196 m。数据显示,2021年,青海湖水体面积约4 600 km²,平均水深21 m,最大水深达28 m,蓄水量达1 050亿m³。青海湖的气候属高原大陆性气候,阳光充足,日照强烈;冬寒夏凉,春季多大风和沙暴。湖区降雨稀少,且集中在夏季,干湿季分明。

第二章 青海省重点湖泊概况

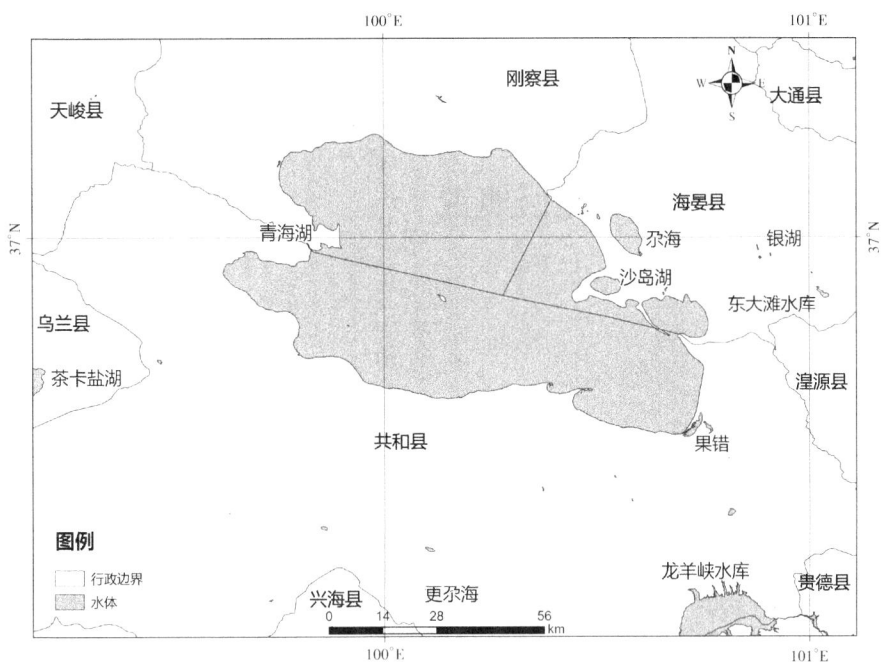

图2.2 青海湖位置图

2.3 ‖ 哈拉湖研究区概况

哈拉湖是青海第二大湖泊,又称黑海,位于疏勒南山与哈尔科山之间(图2.3),湖泊面积637 km²,湖面海拔4 078 m,属咸水湖。哈拉湖平面呈西北—东南向的椭圆形,长轴34.2 km,短轴23 km。平均水深27.16 m,最大水深65 m,蓄水量161亿m³。哈拉湖处于哈拉湖盆地的最低点,属于典型的高原亚寒带草原的半干旱气候类型。该地区气候寒冷,昼夜温差较大,无霜期短,降水量少,蒸发量大。

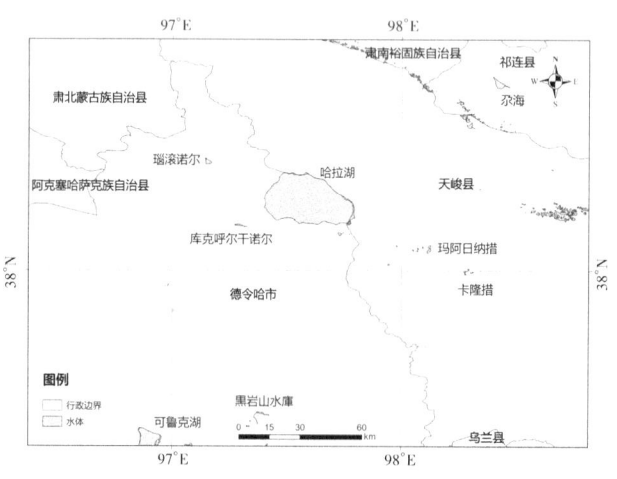

图2.3 哈拉湖位置图

2.4 ‖ 鄂陵湖研究区概况

鄂陵湖位于青海省玛多县西部(图2.4),是青藏高原上的一个大型微咸水湖。鄂陵湖东西窄、南北长,平均海拔4 200多米,湖面面积为610.7 km²,比扎陵湖大,平均水深17.6 m,最深可达30.7 m,蓄水量为107.6亿m³。

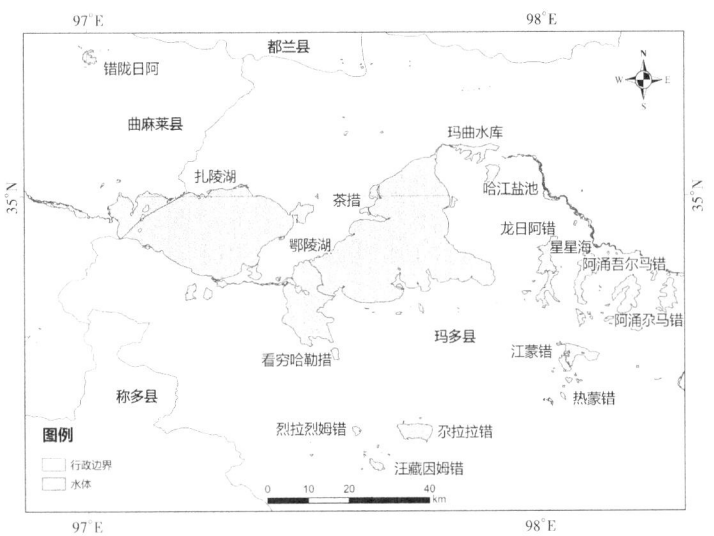

图2.4 鄂陵湖、扎陵湖位置图

2.5 扎陵湖研究区概况

扎陵湖位于青海省西北部,它是中国西北地区最大的高山湖泊,湖泊形状呈不规则的倒梯形,东西长约8 km,南北宽约5 km。湖泊被青藏高原的雄伟山脉环抱,位于青海湖流域范围内。扎陵湖是黄河上游较大的淡水湖,又称查灵海,藏语意为白色长湖。其位于青海高原玛多县西部构造凹地内,居鄂陵湖西侧(图2.4)。湖面海拔4 294 m,东西长35 km,南北宽21.6 km,面积541.8 km²,平均水深8.9 m,最深处在湖心偏东北一侧,蓄水量46亿m³。

扎陵湖的水主要来自周围的大气降水和冰雪融水。湖泊位于高海拔地区,水源主要依赖于附近山脉(包括祁连山和昆仑山等)的积雪和降雨。这些山脉的融雪和降水为湖泊提供了丰富的水量和水源补给。扎陵湖地区年均气温较低,冬季严寒,夏季凉爽,温差较大。该地区降水量相对较少,大部分降水集中在夏季,冬季较为干燥。常有风在湖泊周围地区肆虐,风力较强。此外,扎陵湖所在地区日照时数较长,阳光充足,大气清澈。

2.6 ‖ 乌兰乌拉湖研究区概况

乌兰乌拉湖位于青海省格尔木市北部,坐落在唐古拉山最北端和乌兰乌拉山的西麓。该湖区域属于可可西里地区,是一片面积较大的半咸水湖。乌兰乌拉湖的湖岸呈锯齿状,湖区分布有多个大岛,由北、西、东三个湖环布组成(图2.5)。其中,北湖相对较窄,东、西两湖面积相当,湖泊的长宽分别为46.4 km和11.73 km,海拔在4 900～5 300 m之间,水位高达4 854 m。

乌兰乌拉湖的水主要来自周围地区的河流和降水。湖泊周围主要由黑河、白河、乌梁素海河等河流组成,这些河流为乌兰乌拉湖提供了丰富的水量和水源补给。同时,这些河流的水量和径流状况对湖泊的水位和水质有着重要的影响。乌兰乌拉湖属于半咸水湖泊,湖水清澈而透明。湖水中富含的多种矿物质和微量元素,为湖泊周围的生态系统提供了丰富的养分。湖泊内生活着各类水生动物和植物,包括鱼类、水鸟和湖滨湿地植被等。这些生物资源丰富多样,为湖泊周边地区的生态保护和生态旅游增添了独特的魅力。

乌兰乌拉湖所处的地理位置使其具有独特的气候要素。该地区属于温带大陆性气候,夏季炎热多雨,冬季寒冷干燥,温差较大;降水量相对较少,大部分降水集中在夏季,冬季较为干燥;风力较强,尤其在湖泊周围和山脉地区,常常有强风刮过。此外,乌兰乌拉湖地区日照时数较长,阳光充足。乌兰乌拉湖所处高寒草原半干旱气候区,常年最低气温能达到零下6 ℃,年均降水约150~200 mm,年蒸发量约1 200 mm。其水源主要依赖地表径流、冰雪融水和间歇性溪沟补给,包括等马河、跑牛河、小沙河、熊鱼河以及两条无名河在内的6条河流,这些河流直接注入湖区。

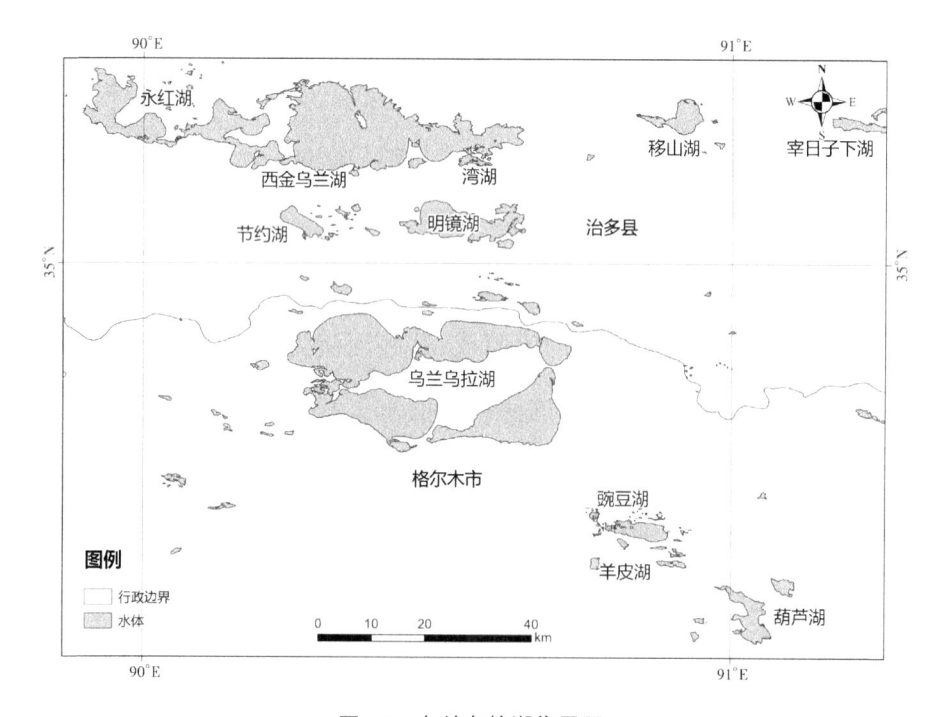

图2.5 乌兰乌拉湖位置图

第三章

青海省重点湖泊面积的提取、处理及验证

3.1 ‖ 下载Landsat卫星影像数据

本研究对象为青海省内的五个主要湖泊,分别是青海湖、哈拉湖、鄂陵湖、扎陵湖和乌兰乌拉湖,五大湖泊的湖泊影像均选择Landsat(陆地卫星)系列卫星影像。Landsat为美国国家航空航天局(NASA)的陆地卫星计划中的卫星名称,原名为地球资源技术卫星(Earth Resources Technology Satellite),后改名为陆地卫星。自1972年7月23日以来,Landsat系列卫星陆续发射,已发射9颗(其中第6颗发射失败)。Landsat 1~4均相继失效,Landsat 5仍在超期运行,Landsat 7于1999年4月15日发射升空。Landsat 8于2013年2月11日发射升空,经过100 d测试运行后开始获取影像。Landsat 9于2021年9月27日发射升空。

使用Landsat卫星影像的原因,分别有以下几点:首先,本次研究对数据的最低要求是1990年至2020年相近月份的年影像数据,时间跨度长且要求数据的采集时间统一,而陆地卫星计划是运行时间最长的地球观测计划,其数据的时间分辨率为16 d,能够方便得到相同时段同位置的年数据;其次,在使用NDWI(Normalized Difference Water Index,归一化水体指数)和MNDWI(Modified NDWI,改进的归一化差异水体指数)提取水体的过程中需要卫星影像有绿(Green)波段和近红外(NIR)波段的数据,而Landsat卫星影像数据包括了绿波段和近红外波段在内的多个波段;最后,为保证多源数据的联络性,统一使用30 m分辨率的数据,而Landsat卫星影像数据在空间分辨率为15~60 m时都可以下载。

下载Landsat卫星影像数据的途径有两种。

(1)通过地理空间数据云(https://www.gscloud.cn/)进行Landsat卫星影像下载。

①输入网址进入地理空间数据云主界面,如图3.1所示,选择"高级检索"功能。

图3.1 地理空间数据云主界面

②根据湖泊所在区县确定大致范围,输入需要的影像时间以及月份、云量范围进行查找,挑选能够覆盖整个湖泊地区的影像数据,按右侧下箭头按钮进行下载。图3.2为2020年青海湖湖泊影像数据的检索结果。

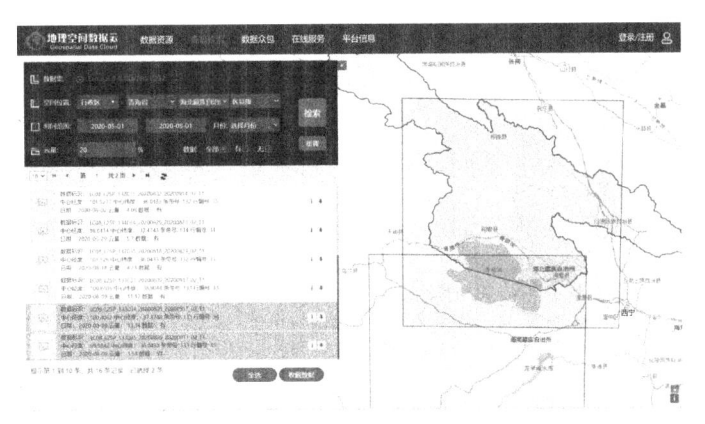

图3.2 2020年青海湖湖泊影像数据的检索结果

③下载了影像文件后,在对应文件中找出相应的波段文件(下载得到的Landsat卫星影像数据类型如图3.3所示:对于Landsat 5卫星影像数据,波段1对应绿波段,波段3对应近红外波段),导入ArcGIS中进行算法处理。

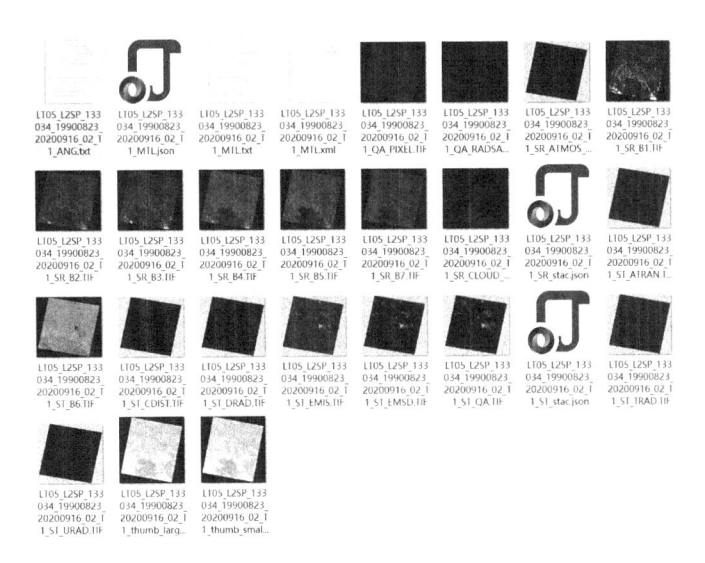

图3.3 下载得到的Landsat卫星影像数据类型

(2)通过美国地质调查局(USGS)官方网站(https://earthexplorer.usgs.gov/)进行Landsat卫星影像下载。

①输入网址进入主界面。登录后回到最初的界面,下载数据。可以查询自己想下载地区的范围,如图3.4所示。下载青海湖湖泊数据时,先查找到青海湖的地理位置和经纬度范围,后在"polygon"下输入四个坐标,在"date range"下选择下载的数据范围。也可以点击"select a geocoding method"下拉选择"address/place",输入湖泊的英文名"Qinghai Lake",点击"show",如果在图中该湖泊附近出现一个点,即选择成功(如果没有,可换上一种方法)。

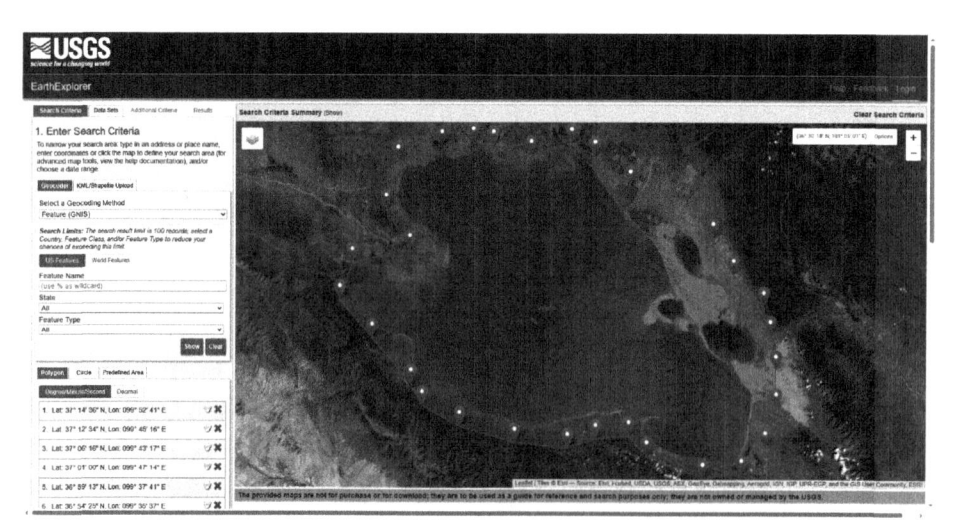

图3.4　在USGS中获取青海湖Landsat卫星影像数据

②在"results"中会弹出我们想要下载的数据,先点击下载图标,再点击"Product Options",可根据需要选择下载完整的数据或者是不同波段的数据。点击后即可在浏览器直接下载。(图3.5)

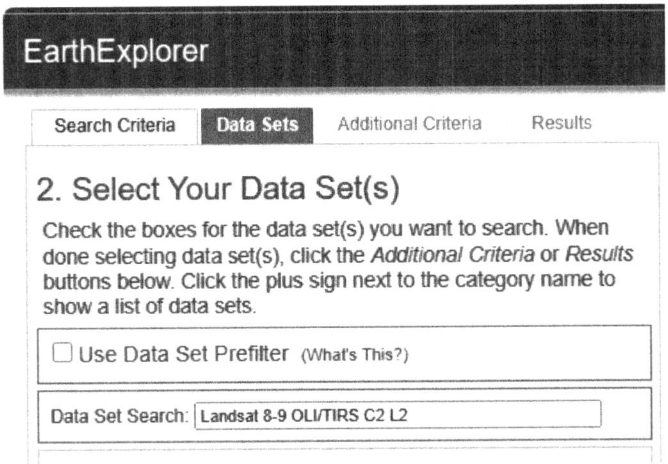

图 3.5　在 USGS 中选择对应波段下载相关影像数据

3.2 ∥ 面积提取方法

3.2.1 数据镶嵌

下载了Landsat卫星影像后,将对应的绿波段和近红外波段的数据导入ArcMap中。例如,导入1990年8月23日Landsat 5的绿波段(B1)和近红外波段(B3)数据(本节使用的影像皆为此影像),由于影像在青海湖中部被一分为二,先要将图像进行镶嵌处理。点击"ArcToolbox"—数据管理工具—栅格—栅格数据集—镶嵌工具,依次分组导入同波段被分割的影像,镶嵌出新的影像。镶嵌工具界面如图3.6所示,拼接后的青海湖Landsat 5影像数据如图3.7所示。

图 3.6　ArcToolbox 中镶嵌工具界面

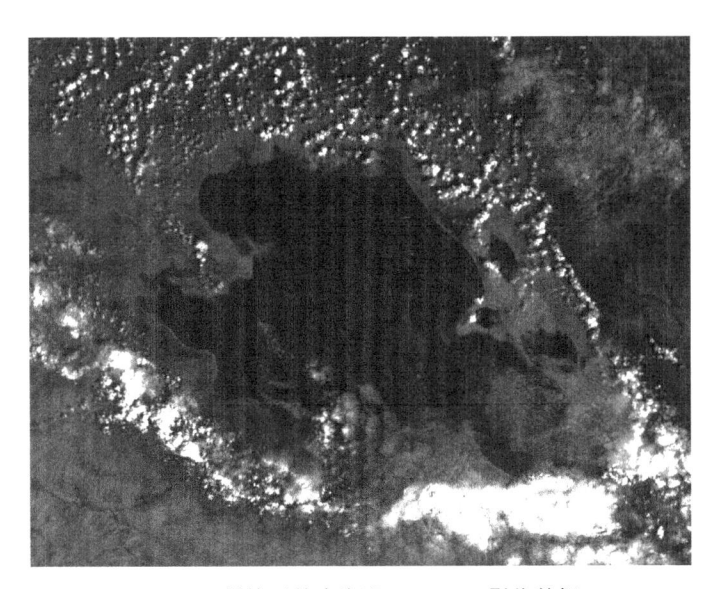

图 3.7　拼接后的青海湖 Landsat-5 影像数据

3.2.2 多波段栅格计算

栅格计算使用的归一化水体指数(NDWI)是基于绿(Green)波段与近红外(NIR)波段的归一化比值指数,以突显影像中的水体信息。

NDWI的公式为

$$I_{\text{NDWI}} = \frac{\rho_{\text{Green}} - \rho_{\text{NIR}}}{\rho_{\text{Green}} + \rho_{\text{NIR}}} \tag{3.1}$$

式中,ρ_{Green}和ρ_{NIR}分别代表绿波段和近红外波段的反射率。

改进的归一化差异水体指数(MNDWI)与NDWI的原理相似,是用短波红外(SWIR)波段把NIR波段替换掉,公式为

$$I_{\text{MNDWI}} = \frac{\rho_{\text{Green}} - \rho_{\text{SWIR}}}{\rho_{\text{Green}} + \rho_{\text{SWIR}}} \tag{3.2}$$

提取水体信息需要用到的波段为Green波段、NIR波段、SWIR波段,对应Landsat 4-5 TM、Landsat 7 ETM的波段为Band2、Band4、Band7;对应Landsat 8-9 OLI/TIRS的波段为Band3、Band5、Band7。

在理想情况下,NDWI值大于0的区域为水体淹没区,但是由于其他地表覆盖类型的干扰,这个阈值往往不为0。解决办法是选择相应的算法自动计算,再结合目视预览效果进行调节。在ArcMap的操作中,打开"spatial analyst tools"—地图代数—栅格计算器,输入NDWI的计算公式,计算得到NDWI数据。Landsat系列卫星影像数据波段信息见表3.1,经过NDWI水体归一化后获得的青海湖湖泊水体影像如图3.8所示。

表 3.1　Landsat 系列卫星影像数据波段信息

Landsat 4–5 TM		Landsat 7 ETM		Landsat 8–9 OLI/TIRS	
波段	波长/μm	波段	波长/μm	波段	波长/μm
Band1-Blue	0.45~0.52	Band1-Blue	0.45~0.52	Band1-Coastal aerosol	0.43~0.45
Band2-Green	0.52~0.60	Band2-Green	0.52~0.60	Band2-Blue	0.45~0.51
Band3-Red	0.63~0.69	Band3-Red	0.63~0.69	Band3-Green	0.53~0.59
Band4-NIR	0.76~0.90	Band4-NIR	0.77~0.90	Band4-Red	0.64~0.67
Band5-SWIR1	1.55~1.75	Band5-SWIR1	1.55~1.75	Band5-NIR	0.85~0.88
Band6-LWIR	10.40~12.50	Band6-TIRS	10.40~12.50	Band6-SWIR1	1.57~1.65
Band7-SWIR2	2.08~2.35	Band7-SWIR2	2.08~2.35	Band7-SWIR2	2.11~2.29
		Band8-Panchromatic	0.52~0.90	Band8-Panchromatic	0.50~0.68
				Band9-Cirrus	1.36~1.38
				Band10-TIRS1	10.60~11.19
				Band11-TIRS2	11.50~12.51

注：TM：专题制图仪；
　　ETM：增强型专题制图仪；
　　OLI：工作型陆地成像仪；
　　TIRS：热红外传感器。

图 3.8　经过 NDWI 水体归一化后获得的青海湖湖泊水体影像

3.2.3 重分类

打开"spatial analyst tools"—重分类—分类,输入栅格为上一步得到的 NDWI 数据,点击分类,将类别设置为 2,中断值为 0、1(此处可根据图像结果选不同阈值如 0.2),点击确定,如图 3.9 所示。0~1 赋值为 1,其他值为"No data",并勾选重分类页面下的"将缺失值更改为 No data"选项,点击确定。最后得到重分类结果,如图 3.10 所示。

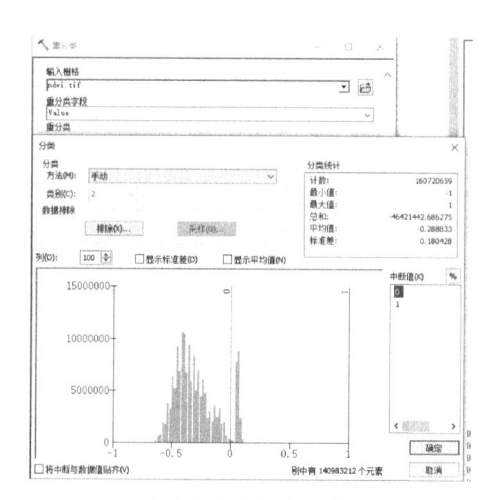

图 3.9　在重分类功能中修改分类方法

图 3.10　重分类后的青海湖数据结果

3.2.4 栅格转面

点击"Conversion tools"—由栅格转出—栅格转面(或在搜索栏搜索"栅格转面"),将上图输入,设置好输出路径和文件名,点击确定即可。

3.2.5 转换为投影坐标系

由于上一步结果图为地理坐标系,栅格转面后无法计算面积,所以需要把上图转换成投影坐标系。点击数据管理工具—投影和变换—投影。输入栅格转面结果,在输出坐标系处可以选择已有湖泊矢量图的图层坐标系。栅格转面和转换坐标系后的青海湖数据结果,如图3.11所示。

图3.11 栅格转面和转换坐标系后的青海湖数据结果

3.2.6 获取水体面积

至此我们得到了水体的矢量图,右键点击其属性表,可以看到面积字段"SHAPE_Area"。如果没有就点击添加字段,点击确定后,先选中添加的字段,右键点击几何计算,再选择坐标系和单位,点击确定后,即可得到面积数值,如图3.12所示。

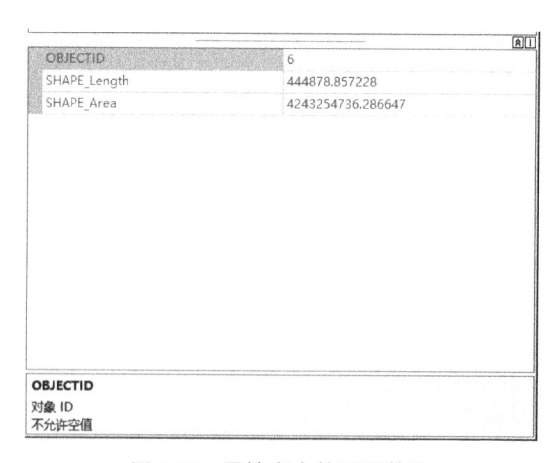

图3.12 属性表中的面积数值

3.3 ‖ 验证方法

无论用 NDWI 还是 MNDWI 对湖泊水体进行提取并计算,都会因为一些因素,比如云遮盖、处理方法等,导致求得的数据结果与实测值有偏差,所以需要对已经求出的面积进行精确度检查。本章选取了偏差(Bias)、均方根误差(RMSE)和相对偏差(Relative Deviation)三种统计变量分别对用 NDWI 和 MNDWI 法得到的面积结果进行精确度检查。计算公式如下:

$$\text{偏差} = \text{计算值} - \text{实测值}, \tag{3.3}$$

$$X_{\text{RMSE}} = \sqrt{\frac{\sum_{i=1}^{N}(X_{\text{obs},i} - X_{\text{model},i})^2}{N}}, \tag{3.4}$$

$$\text{相对偏差} = \frac{\text{偏差}}{\text{平均值}} \times 100\%, \tag{3.5}$$

其中 $X_{\text{obs},i}$ 为实测值,$X_{\text{model},i}$ 为实验值(计算值、反演值),N 为计算次数。

偏差表征了卫星遥感产品计算值和实测值的高低估现象,正值为高估,负值为低估,偏差的绝对值越接近于0,表明遥感计算值越接近于实测值。RMSE表征遥感计算值与实测值之间的离散程度,值越小表明遥感计算值越贴合于实测值。相对偏差表征测定结果对平均值的偏离程度。

3.4 ║ 湖泊面积的验证

3.4.1 青海湖

从1986—2022年每年7月青海湖面积随时间的演变图(图3.13)可见,用NDWI和MNDWI计算并提取的青海湖面积随时间的演变规律存在很强的一致性,而利用NDWI计算得到的结果偏小于MNDWI计算得到的结果。NDWI和MNDWI计算得到的结果和实测结果接近,但是在某些年份计算值和实测值相比存在一定的低估,而在某些年份存在一定的高估,这可能是提取面积的遥感影像时间和实测结果的时间不一致所造成的。

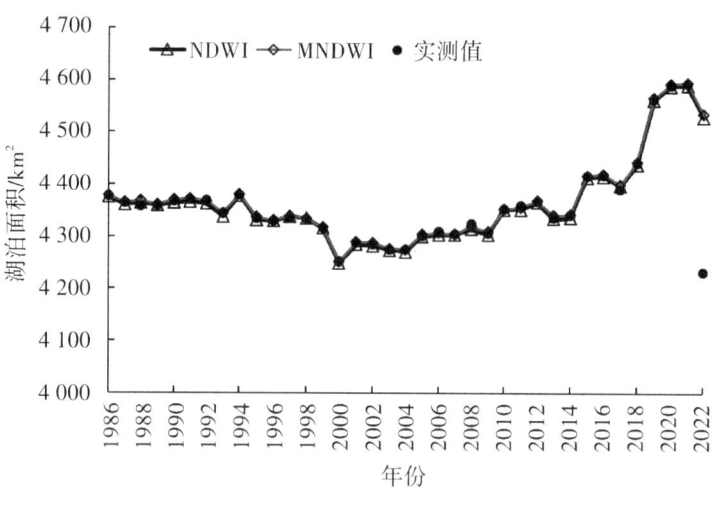

图3.13　1986—2022年每年7月青海湖面积随时间的演变

图3.14分别展示了1996年NDWI(a)、1996年MNDWI(b)、2004年NDWI(c)和2004年MNDWI(d)提取的青海湖的水体分布。可以看出,用NDWI和MNDWI提取的主体湖泊范围趋于一致,但是利用MNDWI方法提取水体时,其对周边的小范围水体的响应更加敏感,而两个不同年份之间出现差异可能与降水、干旱、高程变化等因素有关。

从青海湖面积的遥感反演值和实测值的散点图(图3.15)中可以看出,用NDWI、MNDWI计算的青海湖的湖面面积和实测值对比,其斜率均接近于1,其中NDWI、MNDWI的斜率分别低于和高于1,表明两种方法得到的遥感反演值分别偏低和偏高于实测值。两者得到的R^2均约为1,表明两种方法的计算结果和实测值存在很强的正相关关系。

(a) 1996年NDWI (b) 1996年MNDWI

(c) 2004年NDWI (d) 2004年MNDWI

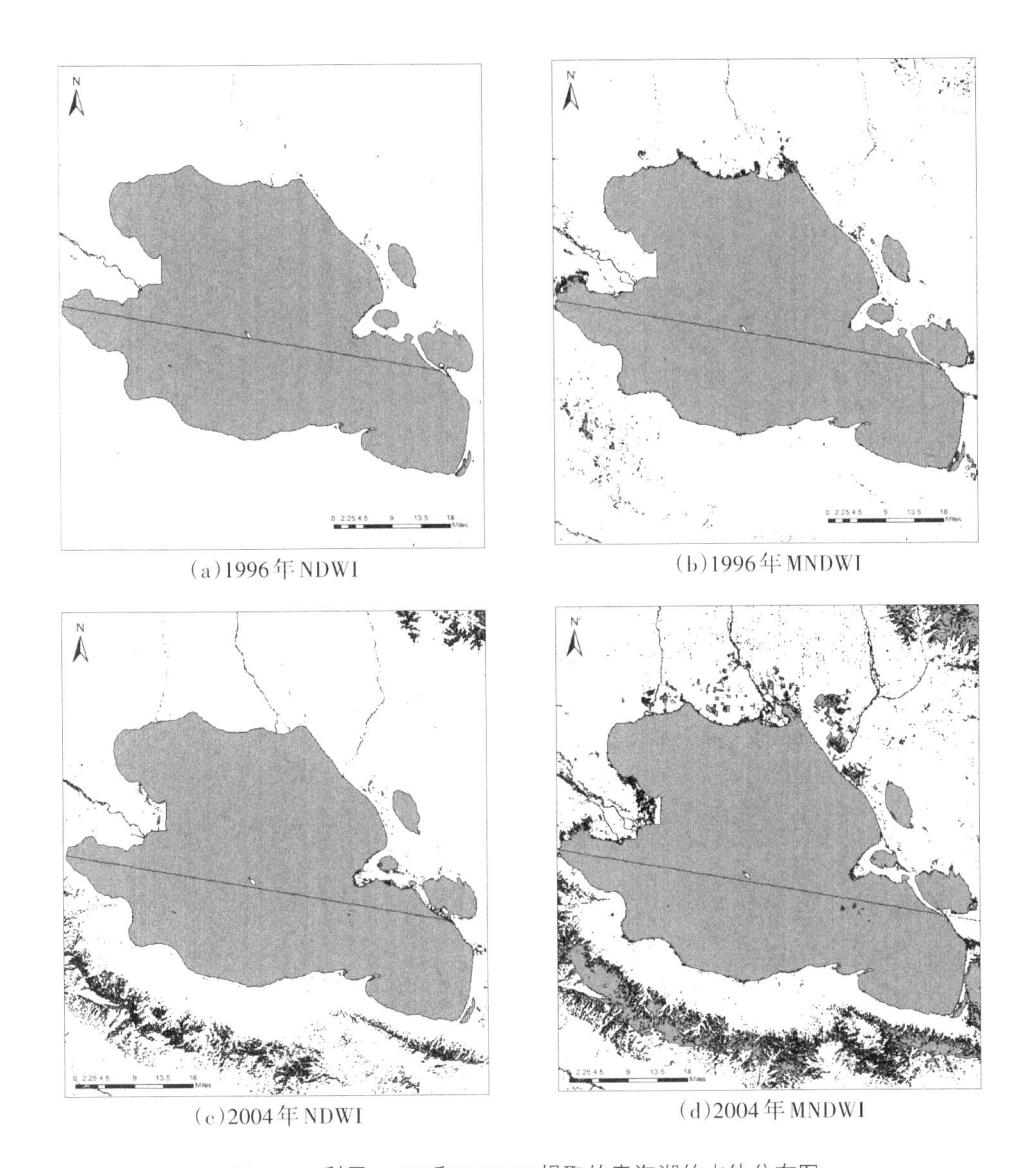

图3.14 利用NDWI和MNDWI提取的青海湖的水体分布图

注:1 Mile约等于1.6 km。

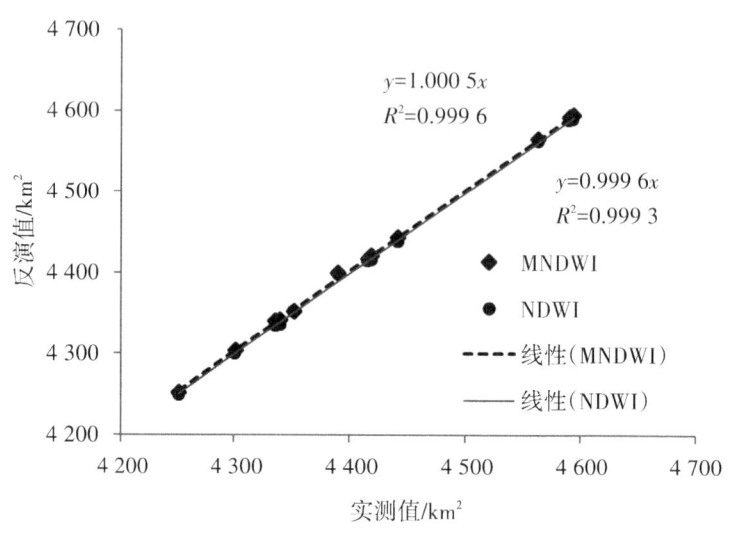

图3.15 青海湖面积遥感反演值和实测值的散点图

同时,利用平均偏差、RMSE和相对偏差分别对用NDWI、MNDWI计算的湖面面积的结果与实测值进行精确度检查。从表3.2可以看出,用NDWI计算并提取的青海湖面积与实测值的平均偏差、RMSE和相对偏差分别为-1.78 km^2、3.37 km^2和-0.04%;相对应地,用MNDWI计算并提取的青海湖面积与实测值的平均偏差、RMSE和相对偏差分别为2.36 km^2、3.26 km^2和0.05%。因此,用NDWI和MNDWI计算并提取的青海湖面积均能反映真实的湖面面积。

表3.2 青海省五大湖泊平均偏差、RMSE和相对偏差的统计值

湖泊名称	指数	平均偏差/km²	RMSE/km²	相对偏差/%
青海湖	NDWI	−1.78	3.37	−0.04
	MNDWI	2.36	3.26	0.05
哈拉湖	NDWI	4.17	3.57	0.68
	MNDWI	7.57	6.01	1.24
鄂陵湖	NDWI	−0.44	2.76	−0.07
	MNDWI	2.09	2.79	0.33
扎陵湖	NDWI	0.82	2.70	0.16
	MNDWI	3.58	4.35	0.68
乌兰乌拉湖	NDWI	−6.44	10.73	1.02
	MNDWI	4.82	6.86	0.76

3.4.2 哈拉湖

从1986—2022年每年7月哈拉湖面积随时间的演变图（图3.16）可以看出，两种方法计算得到的哈拉湖面积的演变趋势一致，均呈现先缓慢波动下降再逐渐波动上升的变化过程；同时，用NDWI计算并提取的哈拉湖面积在大多数情况下小于用MNDWI计算的哈拉湖面积。2022年，实测值出现大幅度下降，可能由于月份不同，实测月份为较干旱时间，本来连接的支流或水体断开连接，从而发生了突变。

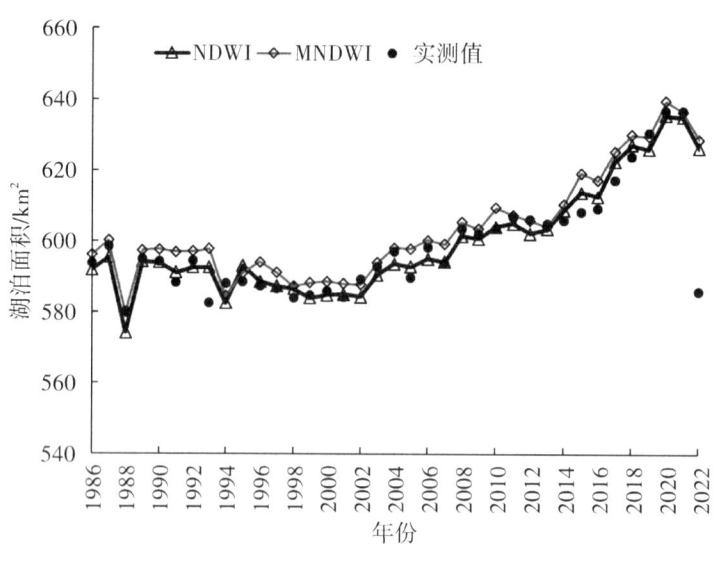

图 3.16　1986—2022 年每年 7 月哈拉湖面积随时间的演变

图 3.17 分别展示了 2007 年 NDWI(a)、2007 年 MNDWI(b)、2021 年 NDWI(c)和 2021 年 MNDWI(d)计算并提取的哈拉湖的水体分布。可以看出,用 NDWI 和 MNDWI 提取的主体湖泊水体范围趋于一致,但是在利用 MNDWI 方法提取水体时,其对周边的小范围水体的响应更加敏感。

从哈拉湖面积的遥感反演值和实测值的散点图(图 3.18)可以看出,用 NDWI 计算的哈拉湖的面积的趋势线为:$y = 1.0018x$,R^2 的值为 0.9614;用 MNDWI 计算的哈拉湖的面积的趋势线为:$y = 1.0075x$,R^2 的值为 0.9203。这表明用 NDWI 和 MNDWI 计算得到的反演值均稍偏高于实测值,而且均非常接近;此外,用 MNDWI 计算得到的结果偏高于用 NDWI 计算得到的。从相关性来看,两者的反演值和实测值均存在很强的正相关关系,且用 NDWI 计算得到的结果相关性更强。

(a) 2007年NDWI　　　　　　　　(b) 2007年MNDWI

(c) 2021年NDWI　　　　　　　　(d) 2021年MNDWI

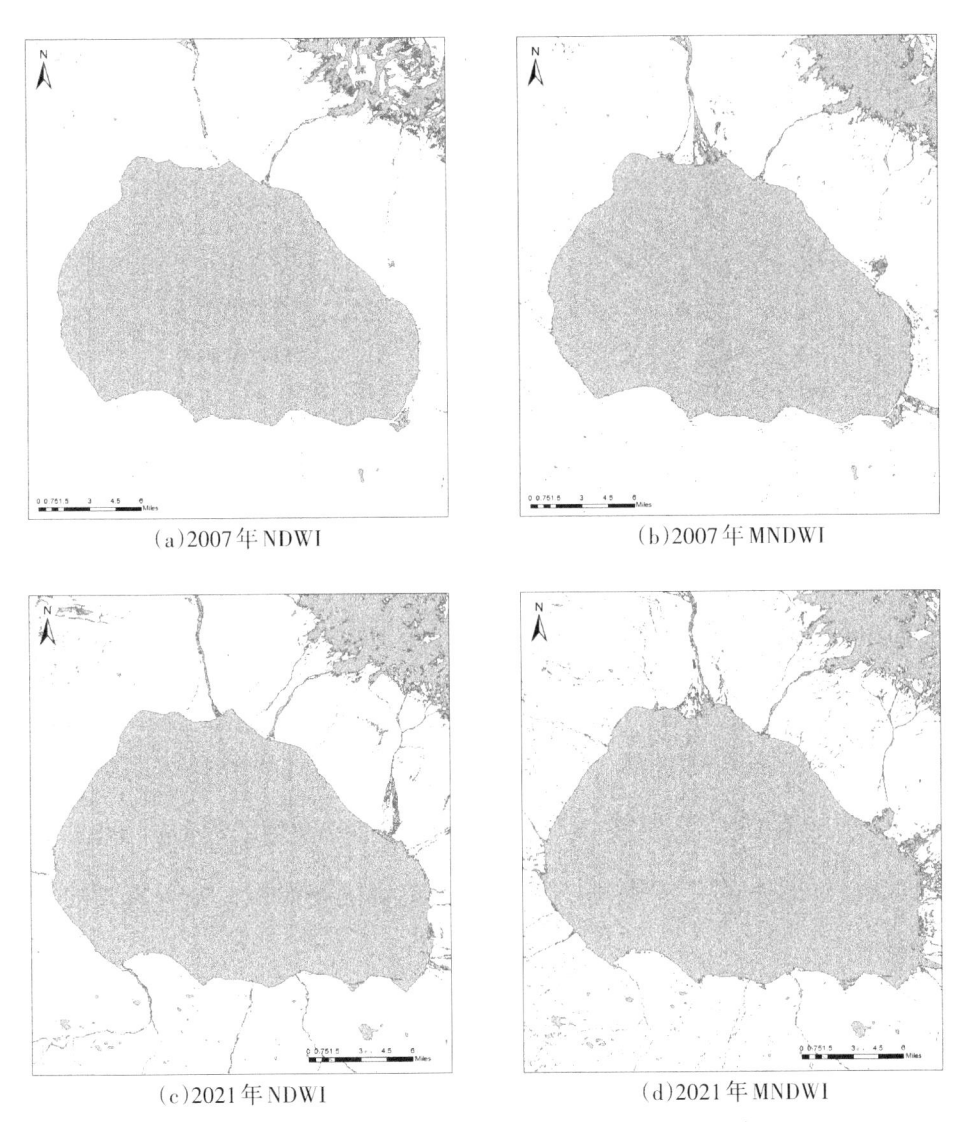

图3.17　利用NDWI和MNDWI提取的哈拉湖的水体分布图

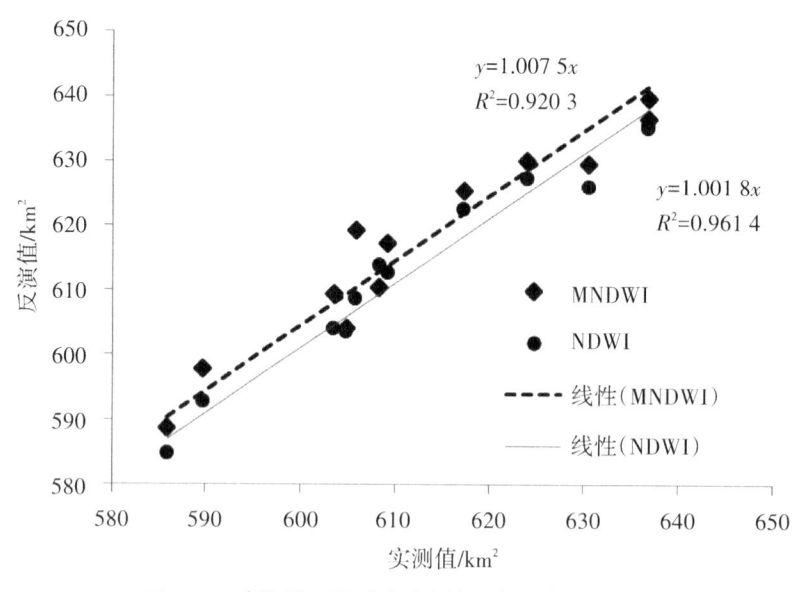

图3.18 哈拉湖面积遥感反演值和实测值的散点图

用平均偏差、RMSE和相对偏差分别对用NDWI、MNDWI计算的湖面面积与实测值进行精确度检查。从表3.2可以看出,用NDWI计算并提取的哈拉湖面积与实测值的平均偏差、RMSE和相对偏差分别为4.17 km², 3.57 km²和0.68%;相对应地,用MNDWI计算并提取的哈拉湖面积与实测值的平均偏差、RMSE和相对偏差分别为7.57 km²、6.01 km²和1.24%。因此,综合判断用NDWI计算的哈拉湖面积更贴近真实的湖面面积。

3.4.3 鄂陵湖

从1986—2022年7月鄂陵湖面积随时间的演变图(图3.19)可以看出,用NDWI计算并提取的鄂陵湖面积大多数年份小于用MNDWI提取并计算的鄂陵湖面积。湖面面积总体呈现先缓慢下降,再较大幅度上升,最后再缓慢下降的趋势。因为周围存在不少小水体,所以用MNDWI与NDWI计算的湖面面积有明显的差异。

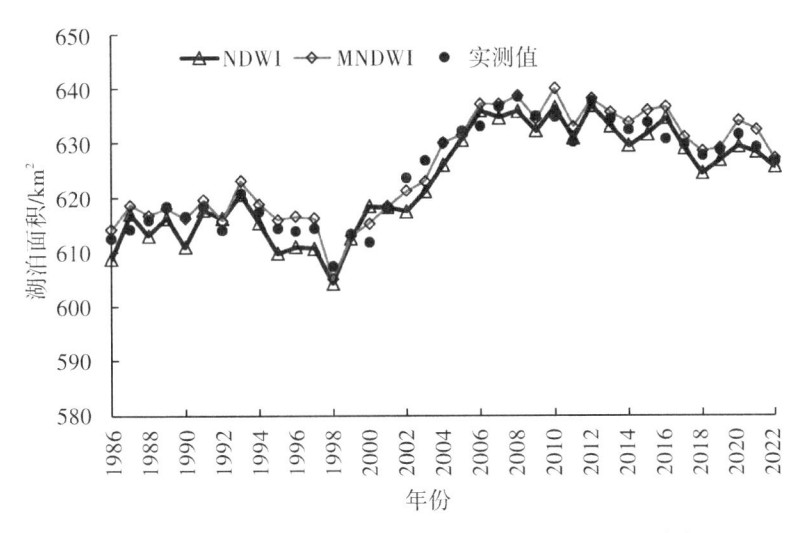

图3.19 1986—2022年每年7月鄂陵湖面积随时间的演变

图3.20分别展示了1989年NDWI(a)、1989年MNDWI(b)、2017年NDWI(c)和2017年MNDWI(d)提取的鄂陵湖的水体分布。可以看出,用NDWI和MNDWI提取的主体湖泊水体范围趋于一致,而利用MNDWI方法提取水体时,其对周边的小范围水体的响应更加敏感。

(a) 1989年NDWI

(b) 1989年MNDWI

(c) 2017年NDWI

(d) 2017年MNDWI

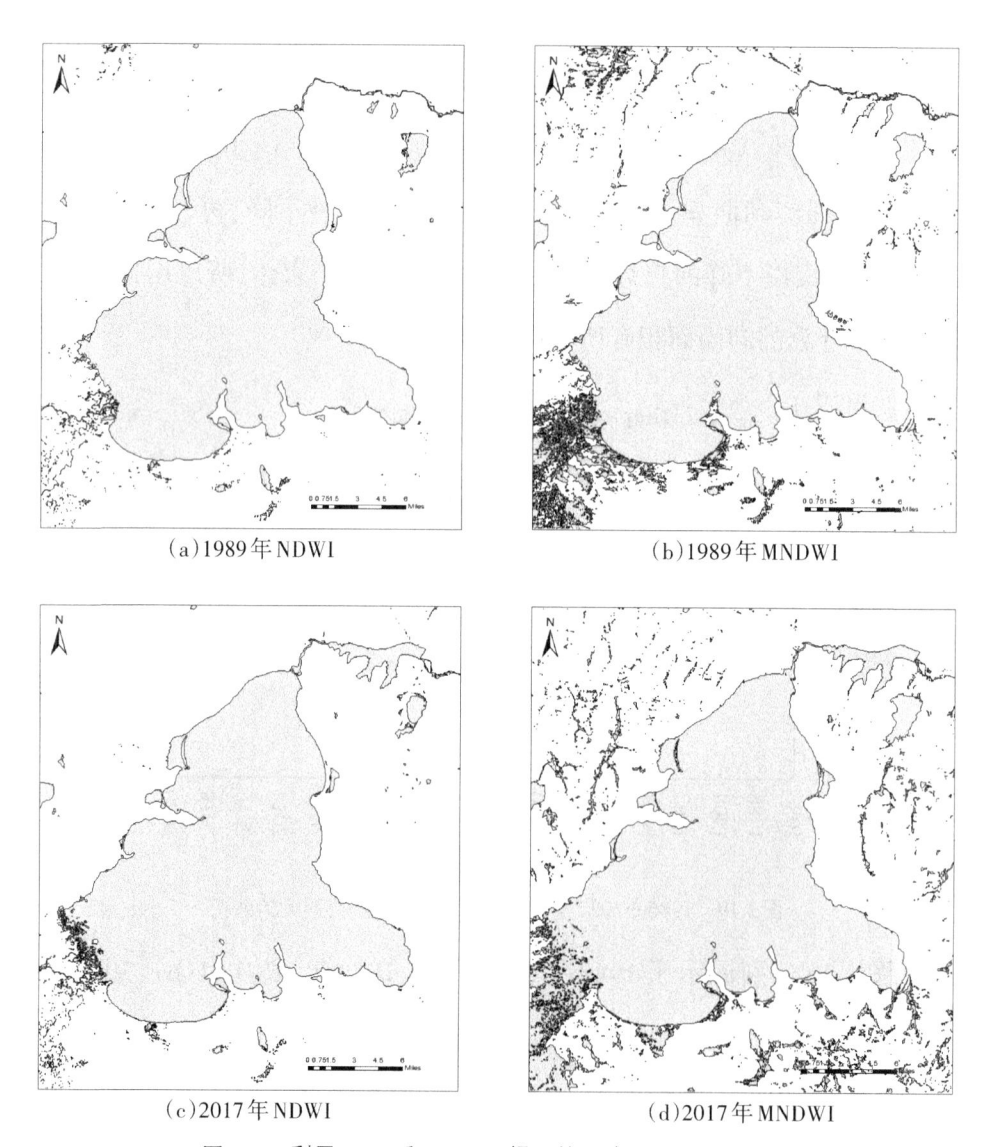

图3.20 利用NDWI和MNDWI提取的鄂陵湖的水体分布图

从鄂陵湖面积的遥感反演值和实测值的散点图(图3.21)中可以看出,用NDWI和MNDWI计算的鄂陵湖面积与实测值的线性拟合的斜率分别为0.999 3和1.003 3,这表明NDWI和MNDWI得到的反演值分别偏低和偏高于实测值,但是均和实测值非常接近。从相关性来看,用MNDWI计算的反演值和实测值的相关性更强,相关系数达0.900 6,而用NDWI计算的反演值则和实测值的相关性偏弱,相关系数为0.637 4。

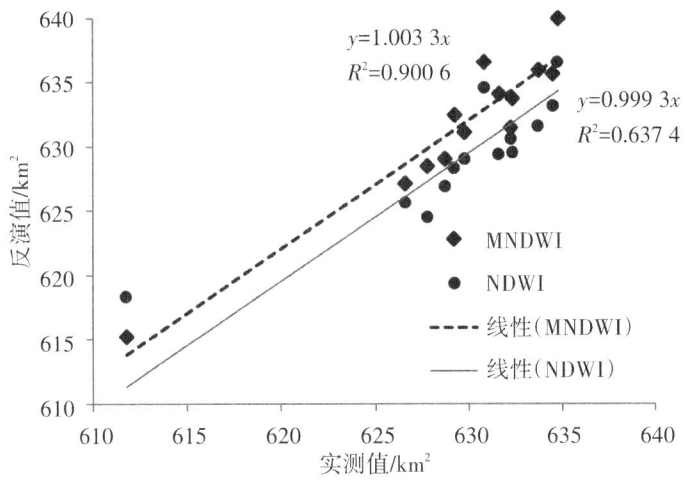

图3.21 鄂陵湖面积遥感反演值和实测值的散点图

从表3.2可以看出,用NDWI计算的鄂陵湖面积与实测值的平均偏差、RMSE和相对偏差分别为$-0.44\ km^2$、$2.76\ km^2$和-0.07%;用MNDWI计算的鄂陵湖面积与实测值的平均偏差、RMSE和相对偏差分别为$2.09\ km^2$、$2.79\ km^2$和0.33%。综合判断,就平均偏差与相对偏差而言,用NDWI计算的鄂陵湖面积更贴近真实的湖面面积;但从两者的变化特征来看,用MNDWI计算得到的鄂陵湖面积则更加具有真实性。

3.4.4 扎陵湖

从1986—2022年每年7月扎陵湖面积随时间的演变图(图3.22)可以看出,用NDWI计算的扎陵湖面积大多数情况下小于用MNDWI计算的扎陵湖面积。两种方法计算得到的扎陵湖面积整体呈缓慢上升趋势,在1989年面积有突变情况。可能因为降水较多,扎陵湖周围存在大面积的水体,在影像摄影时间形成的支流连接了扎陵湖与周围较大水体,被算进了湖泊面积里。

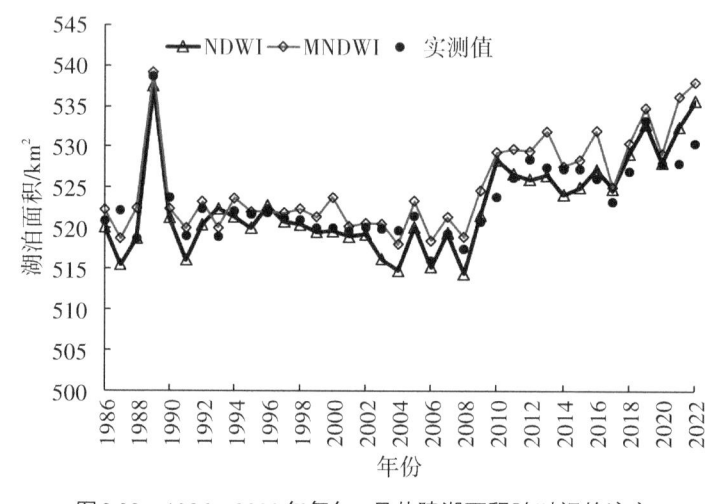

图3.22　1986—2022年每年7月扎陵湖面积随时间的演变

图3.23分别展示了2001年NDWI(a)、2001年MNDWI(b)、2013年NDWI(c)和2013年MNDWI(d)提取的扎陵湖的水体分布。可以看出,用NDWI和MNDWI提取的主体湖泊水体范围趋于一致,而利用MNDWI方法提取水体时,其对周边的小范围水体的响应更加敏感。

(a)2001年NDWI　　　　　　　　　(b)2001年MNDWI

(c)2013年NDWI　　　　　　　　　(d)2013年MNDWI

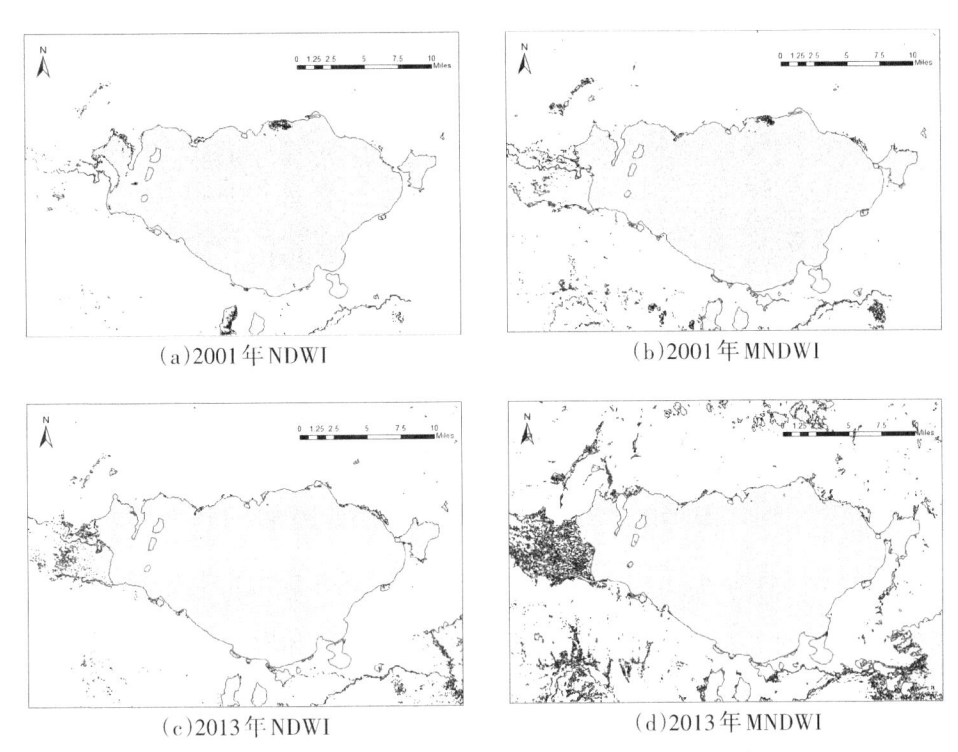

图3.23　利用NDWI和MNDWI提取的扎陵湖的水体分布图

从扎陵湖面积的遥感反演值和实测值的散点图(图3.24)中可以看出,用NDWI和MNDWI计算的扎陵湖的面积和实测值的线性拟合曲线的斜率分别为1.001 6和1.005 7,表明用两者计算的湖面面积均偏高于实测值。从相关性来看,用NDWI计算的反演值和实测值的相关系数为0.675 1,呈现较强的正线性相关关系;而用MNDWI计算的反演值和实测值的相关系数仅为0.248 1,呈现较弱的正线性相关关系。

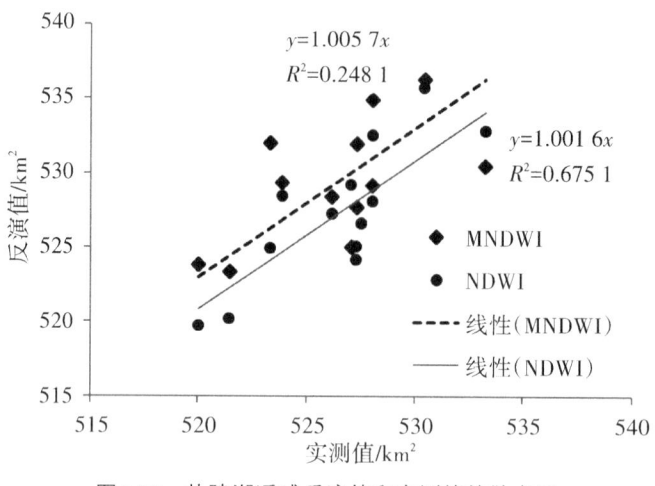

图 3.24 扎陵湖遥感反演值和实测值的散点图

表3.2同样显示了用NDWI和MNDWI计算并提取的扎陵湖面积与实测值的统计特征值,用NDWI计算的扎陵湖面积和实测值的平均偏差、RMSE和相对偏差分别为 0.82 km²、2.70 km²和0.16%；用MNDWI计算的扎陵湖面积与实测值的平均偏差、RMSE和相对偏差分别为3.58 km²、4.35 km²和0.68%。因此,用NDWI计算并提取的扎陵湖面积更贴近真实的湖面面积。

3.4.5 乌兰乌拉湖

从1986—2022年每年7月乌兰乌拉湖面积随时间的演变图(图3.25)可以看出,用NDWI计算的乌兰乌拉湖面积大多数情况下小于用MNDWI计算的乌兰乌拉湖面积,而且整体呈缓慢上升趋势。

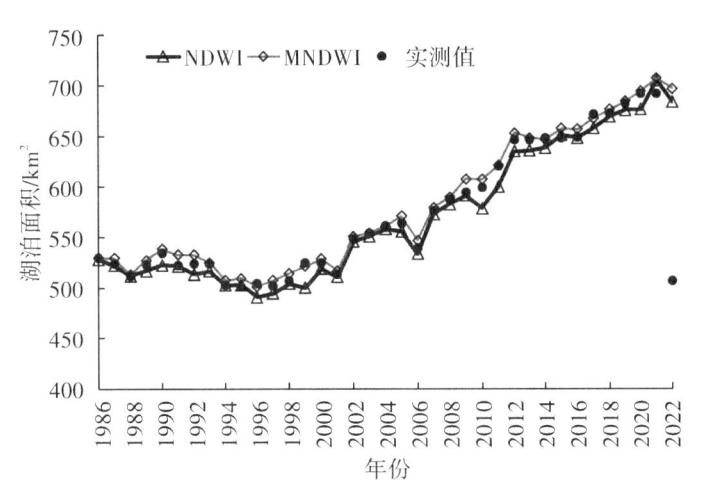

图3.25　1986—2022年每年7月乌兰乌拉湖面积随时间的演变

图3.26分别展示了1996年NDWI(a)、1996年MNDWI(b)、2020年NDWI(c)和2020年MNDWI(d)提取的乌兰乌拉湖的水体分布。可以看出,用NDWI和MNDWI提取的主体湖泊水体范围趋于一致,而利用MNDWI方法提取水体时,其对周边的小范围水体的响应更加敏感。

从乌兰乌拉湖面积的遥感反演值和实测值的散点图(图3.27)可以看出,用NDWI、MNDWI计算的乌兰乌拉湖的面积和实测值的线性拟合曲线的斜率分别为0.9902和1.0075,表明两者分别低估和高估了实测值,但与实测值十分接近。从相关性来看,两者的线性相关系数均超过了0.95,表明这两种方法计算的湖面面积和实测值均存在很强的相关性。

(a) 1996年NDWI　　　　　　　　　　(b) 1996年MNDWI

(c) 2020年NDWI　　　　　　　　　　(d) 2020年MNDWI

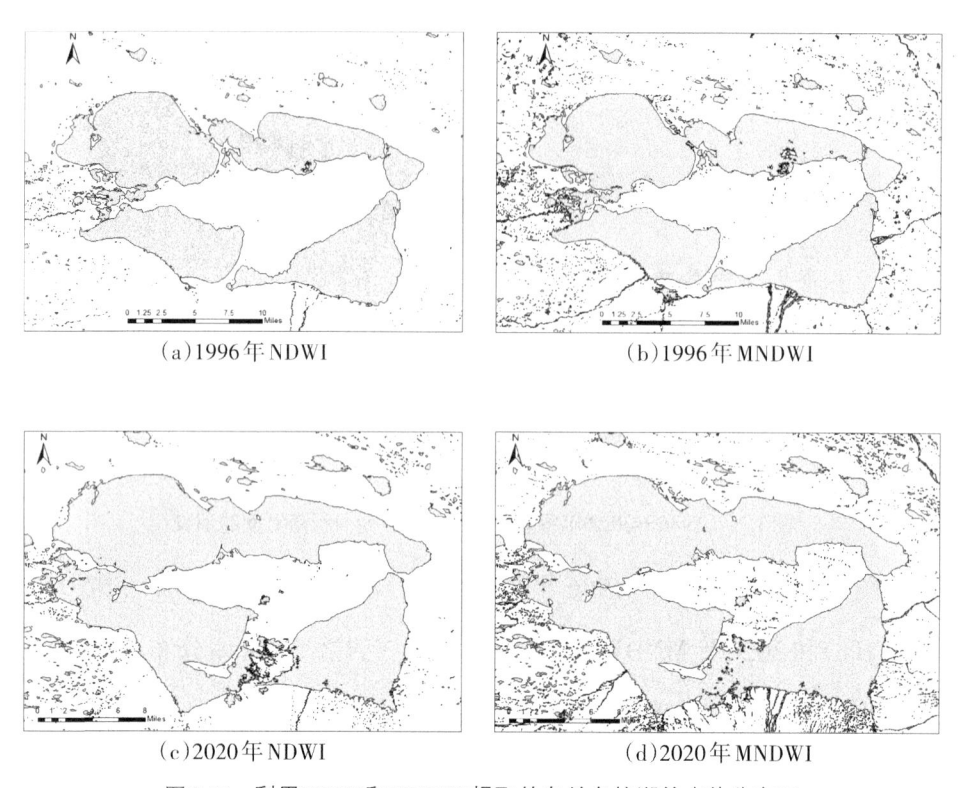

图3.26　利用NDWI和MNDWI提取的乌兰乌拉湖的水体分布图

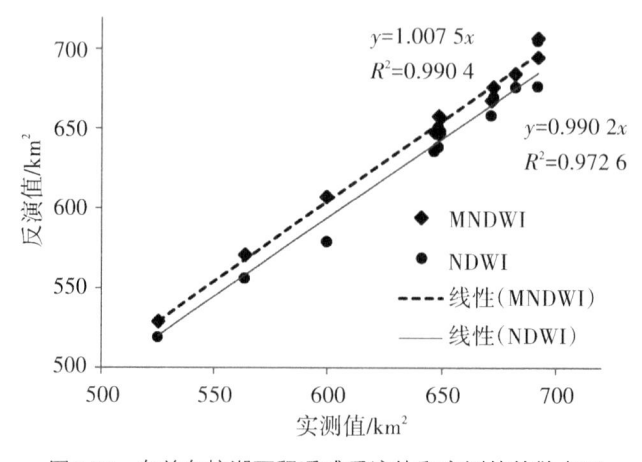

图3.27　乌兰乌拉湖面积遥感反演值和实测值的散点图

从表3.2可以看出，用NDWI计算的乌兰乌拉湖面积与实测值平均偏差、RMSE和相对偏差分别为-6.44 km²、10.73 km²和1.02%；用MNDWI计算的乌兰乌拉湖面积与实测值的平均偏差、RMSE和相对偏差分别为4.82 km²、6.86 km²和0.76%。因此，综合判断用MNDWI计算的乌兰乌拉湖面积更贴近真实的湖面面积。

3.4.6 小结

综上所述，用MNDWI计算的湖面面积大于用NDWI计算的湖面面积，在湖泊形状较为规整时，如青海湖，利用MNDWI与NDWI计算的湖面面积差别不大，且波动也非常相似。根据湖面面积图，无法直接判断哪种计算指数处理的湖面面积更贴近实测值，因此，可引入统计方法来判断精度更高的计算指数。而在湖泊周围有较多小水体以及支流时，如乌兰乌拉湖，则能明显看出用MNDWI与NDWI计算的湖面面积差异，可大致判断哪种计算指数处理的湖面面积更贴近实测值，再通过精确度检查，综合判断出更准确的计算指数。青海省重点湖泊湖面面积最优计算指数，可参考表3.3。

表3.3　青海省重点湖泊湖面面积最优计算指数

湖泊名称	最优计算指数
青海湖	NDWI
哈拉湖	NDWI
鄂陵湖	NDWI
扎陵湖	NDWI
乌兰乌拉湖	MNDWI

第四章

青海省全省湖泊要素的时空演变规律

4.1 湖泊面积

4.1.1 五大重点湖泊面积的年际变化

1986—1998年间,青海湖面积呈现波动式萎缩。1998—2004年,青海湖面积则持续萎缩。在整个萎缩阶段,青海湖面积从1986年的4 363.91 km² 减少到2004年的4 274.35 km²,减小速率约为4.98 km²/a。2005—2022年,青海湖面积基本呈现扩张趋势。其中2005—2013年间,青海湖面积处于波动扩张阶段;2014—2016年间,青海湖缓慢扩张,其面积增加速率约为1.69 km²/a;而2017—2020年间,青海湖迅速扩张,其面积增加速率约为35.93 km²/a。近两年内(2021—2022年),青海湖面积扩张速率保持平缓,约为2.79 km²/a。(图4.1)

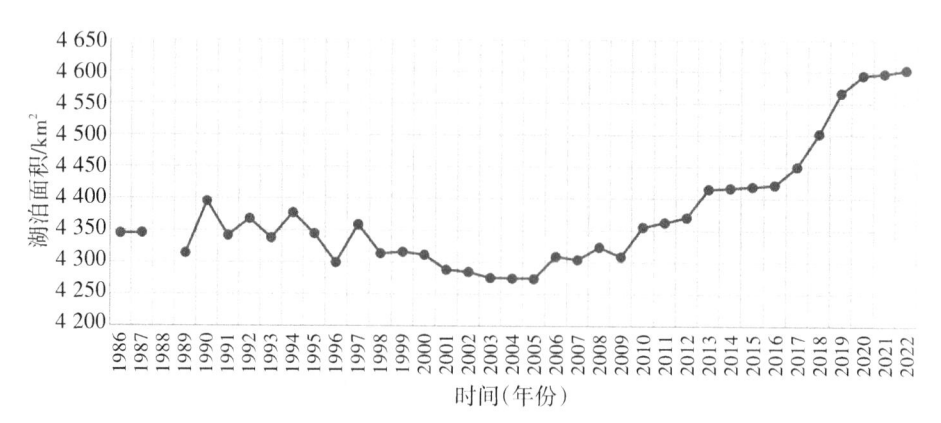

图 4.1　青海湖面积的年际变化

1986—1994年间，哈拉湖面积整体呈现波动性变化，并且面积在590 km² 左右上下波动，1994—1998年，哈拉湖面积整体呈现萎缩趋势，从1994年的592.97 km² 萎缩到了1998年的583.98 km²，减少速率约为2.25 km²/a。此后自1998—2022年，哈拉湖面积整体持续性扩张，但增加速率在不同时间段存在明显差别。1998—2016年面积增加速率约为1.39 km²/a，而2016—2022年面积增加速率约为4.04 km²/a。(图4.2)

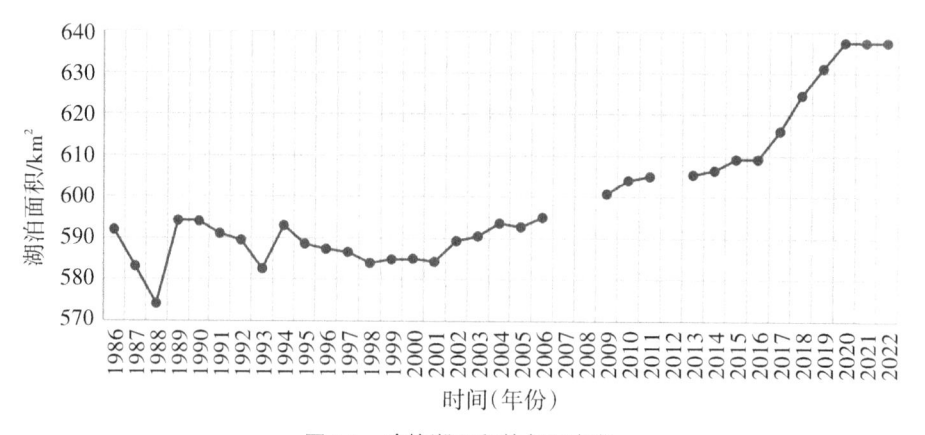

图 4.2　哈拉湖面积的年际变化

1986—1998年间，鄂陵湖面积整体呈现先扩张再萎缩的状态，从1986年的608.77 km²萎缩到了1998年的604.26 km²，减少的速率约为0.38 km²/a，变化比较平缓。从1999—2022年，鄂陵湖面积出现波动性扩张，波动幅度比较大，最终从1999年的612.48 km²扩张到2022年的652.60 km²，并在2001年、2010年和2018年出现了峰值。(图4.3)

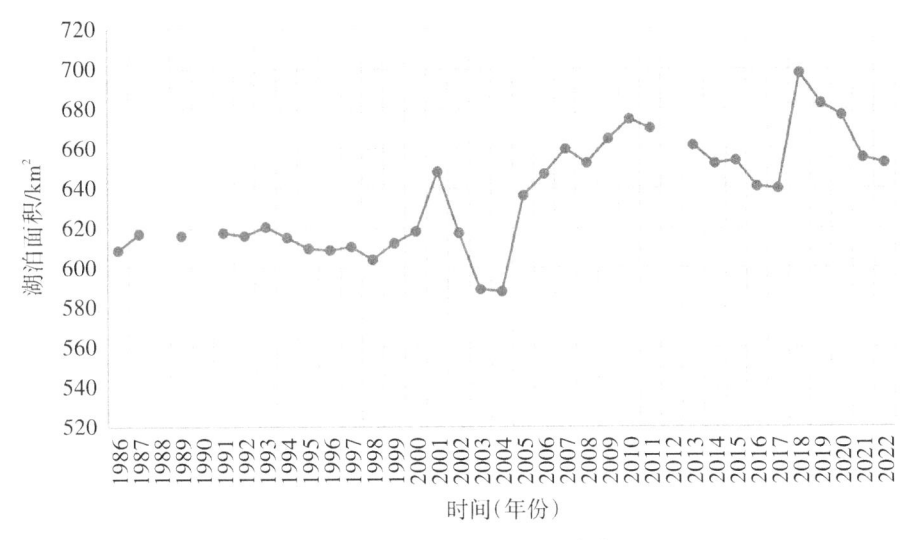

图4.3 鄂陵湖面积的年际变化

1986—2002年间，扎陵湖面积围绕520 km²上下波动，2002—2022年，扎陵湖面积波动幅度增大，整体上呈现波动扩张的趋势，在2003和2008年，其面积出现了两个明显的谷值，并在谷值后，分别以约7.09 km²/a、11.35 km²/a的速率增加。在整个研究期内，扎陵湖面积整体上从1986年的520.17 km²扩张到2022年的550.41 km²。(图4.4)

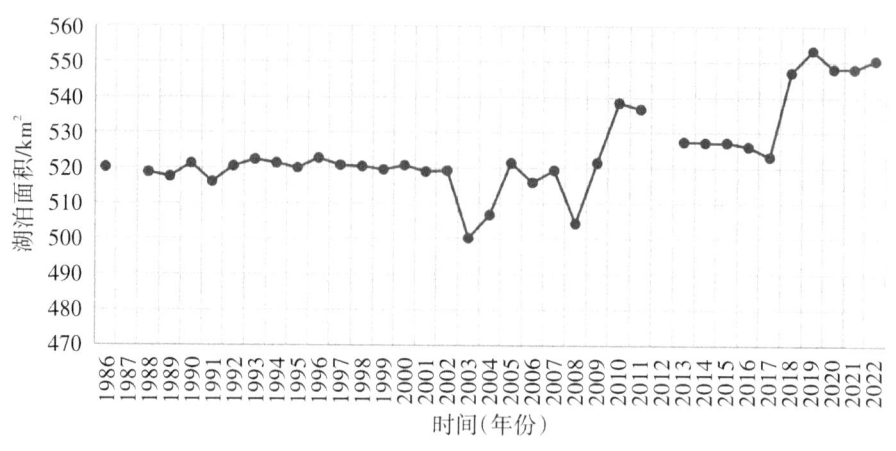

图 4.4 扎陵湖面积的年际变化

1986—1994年间,乌兰乌拉湖面积整体呈现萎缩状态,从1986年的528.41 km² 萎缩到了1994年的482.66 km²,减少的速率约为5.72 km²/a。从1995—2001年,乌兰乌拉湖面积出现缓慢扩张,从2002—2013年,乌兰乌拉湖面积出现波动式扩张,之后一直到2022年,乌兰乌拉湖面积持续缓慢扩张。(图4.5)

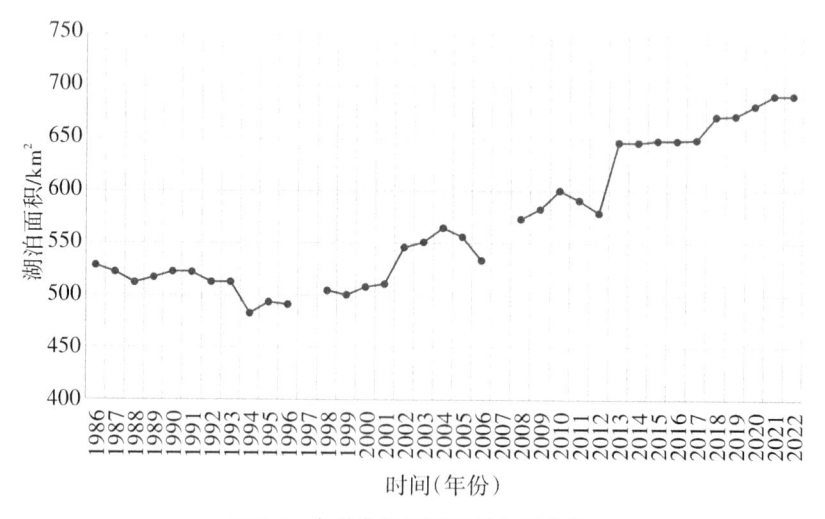

图 4.5 乌兰乌拉湖面积的年际变化

4.1.2 五大重点湖泊面积的季节变化

由于云层覆盖度较大时段内的数据无法使用,存在部分月份数据缺失的情况。本部分以北半球季节划分为依据(其中春季为3至5月,夏季为6至8月,秋季为9至11月,冬季为12月至次年2月),计算了不同季节湖泊面积的平均值。

整体看来,青海湖面积的季节变化趋势与年际变化趋势一致;纵向对比来看,相同年份秋季湖泊面积整体高于其他季节,偶尔有年份湖泊面积的最大值出现在夏季,还有个别年份则是出现在冬季,但湖泊面积最小值往往出现在春季。与此同时,夏季青海湖面积变化波动情况较其他季节相对较小。(图4.6)

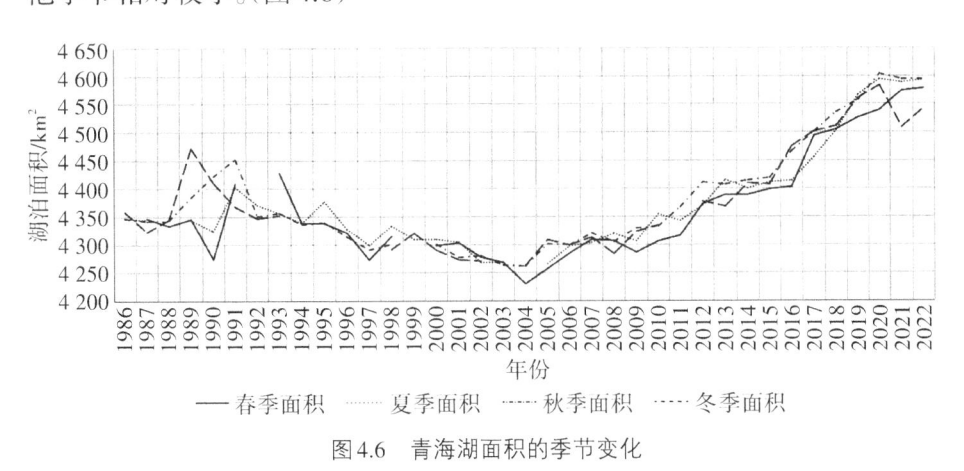

图4.6 青海湖面积的季节变化

哈拉湖面积的季节变化趋势与年际变化一致。除2004年外,哈拉湖面积的季节性变化普遍较小;2004年出现异常情况的主要原因可能为冰层覆盖及部分湖泊水体截断。从整体来看,哈拉湖面积在冬季处于最大值的年份居多,其次为秋季和夏季。湖泊水体面积最小的季节普遍发生

在春夏两季。(图4.7)

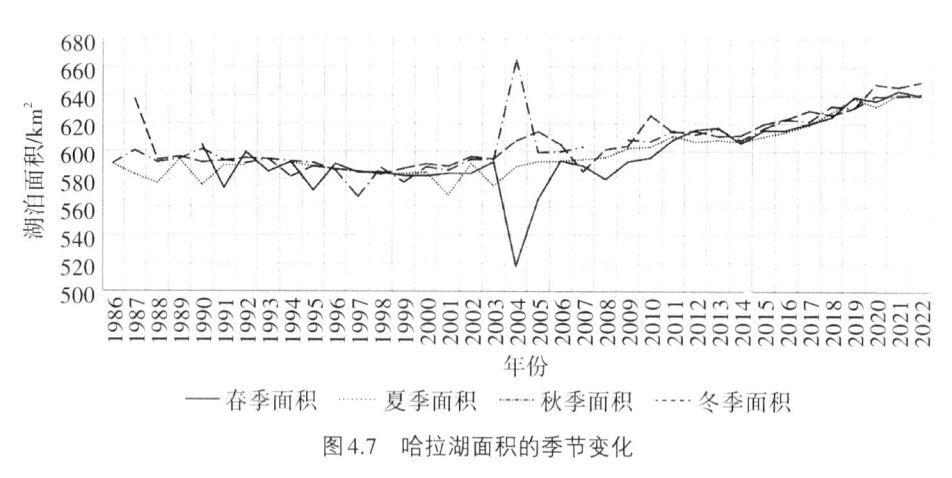

图4.7 哈拉湖面积的季节变化

整体看来,鄂陵湖面积的季节变化的整体趋势与年际变化呈现较高的相似性;就纵向对比而言,相同年份秋季的鄂陵湖面积整体高于其他季节,但在个别年份(如2010—2011年、2014年、2018年等)出现了夏季湖泊面积高于秋季的情况。湖泊面积最小值常出现在冬季,偶尔也会出现在春季。冬季由于云层覆盖等原因,数据缺失较为严重,但也能得到冬季湖泊面积变化幅度较其他季节更加剧烈的结论。(图4.8)

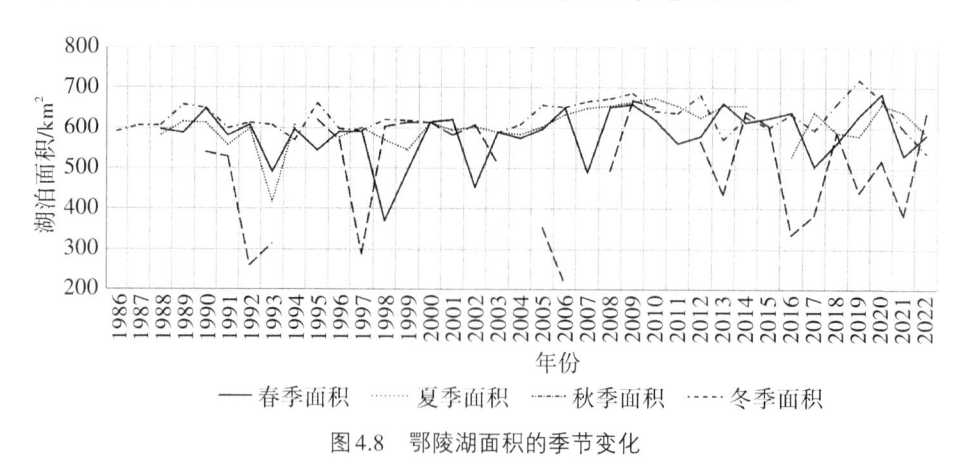

图4.8 鄂陵湖面积的季节变化

扎陵湖面积在季节变化上的整体趋势同年际变化较为相似。该湖区秋季数据的连续性较好，除个别年份（如 1990—1991 年、1997 年、2011—2012 年等）外，秋季整体表现为同年当中湖泊面积最大的季节。对于湖泊面积最小的季节，不同年份变化情况较大，在完整数据中普遍出现在春季和冬季，同时也可以观察到在部分年份，湖泊面积的季节性差异比较大，如 2000 年前后。（图 4.9）

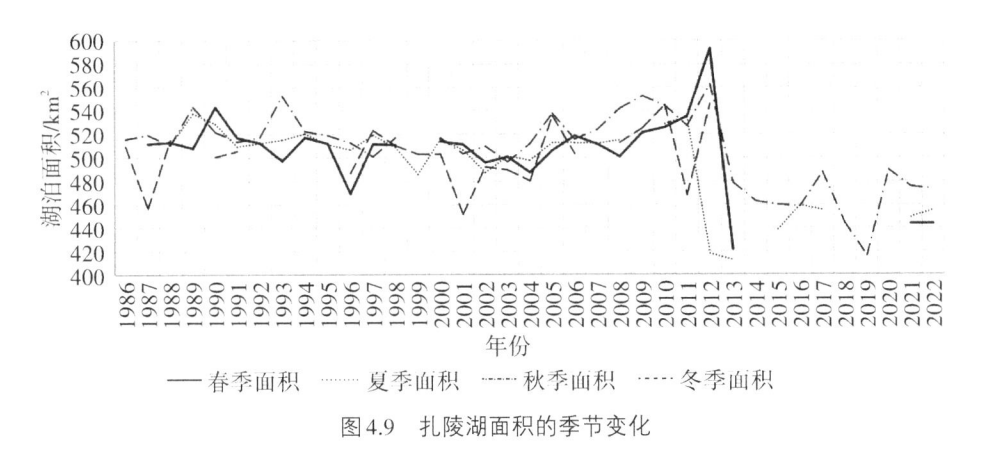

图 4.9 扎陵湖面积的季节变化

1986—2022 年期间，乌兰乌拉湖的湖泊面积的季节变化趋势与年际变化趋势保持着高度的一致性。通过对各个季节的湖泊面积进行纵向对比，可以发现，秋季的湖泊面积普遍高于其他季节。同时，也有个别年份的湖泊面积高值出现在夏季和冬季。相比之下，春季的湖泊面积普遍较小，但在部分年份中，比如 1991—1995 年，湖泊面积的最小值则出现在冬季。（图 4.10）

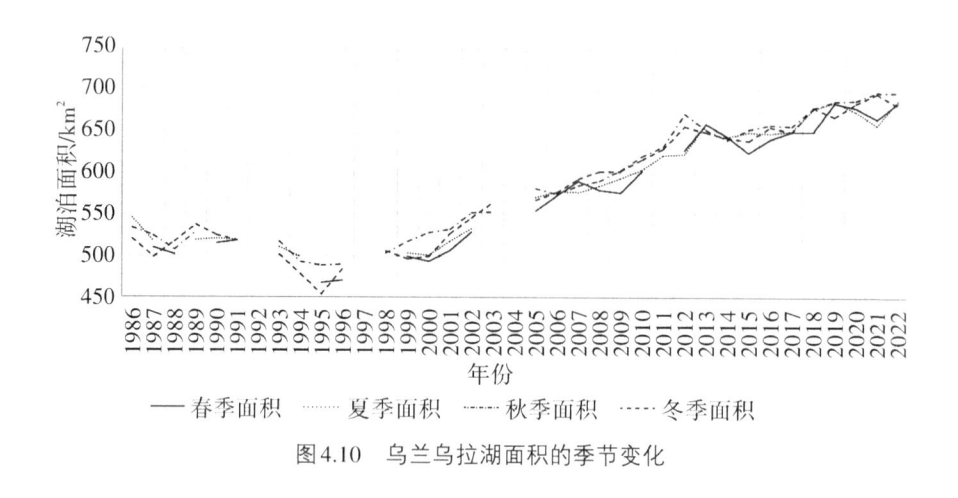

图4.10 乌兰乌拉湖面积的季节变化

4.1.3 五大重点湖泊面积的时间演变

提取1986—2022年五大重点湖泊(青海湖、哈拉湖、鄂陵湖、扎陵湖和乌兰乌拉湖)面积的每月数据,将统计完成的数据进行详细的绘图分析。需要特别注意的是,图中横坐标所展示的时间并不是一致的,而是仅展示了有数据的时间段。

从时间演变的角度来看,青海湖的丰水期主要集中在9月,部分年份也会出现在8月和10月,还有部分年份的丰水期出现在12月。而在每年的2月前后,由于冰雪融水的影响,湖泊面积也会有一定程度的增加。相对于丰水期,青海湖的枯水期主要出现在5月;结冰期为12月底至次年2月底。其中,12月是湖泊开始结冰的月份,到了2月,湖泊则开始融水。(图4.11)

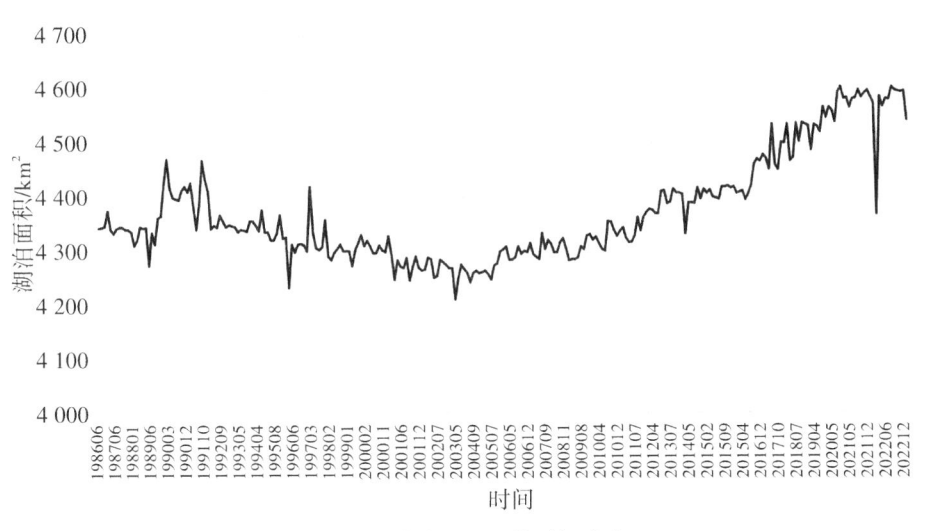

图4.11 青海湖面积的时间演变

哈拉湖的丰水期一般集中在1月前后,这与其他四大湖泊的情况有所不同,哈拉湖的湖泊面积在5月前后数值较小,在6—8月的变化幅度相对较小。在长时间尺度下,哈拉湖同样存在月度面积变化的周期性。(图4.12)

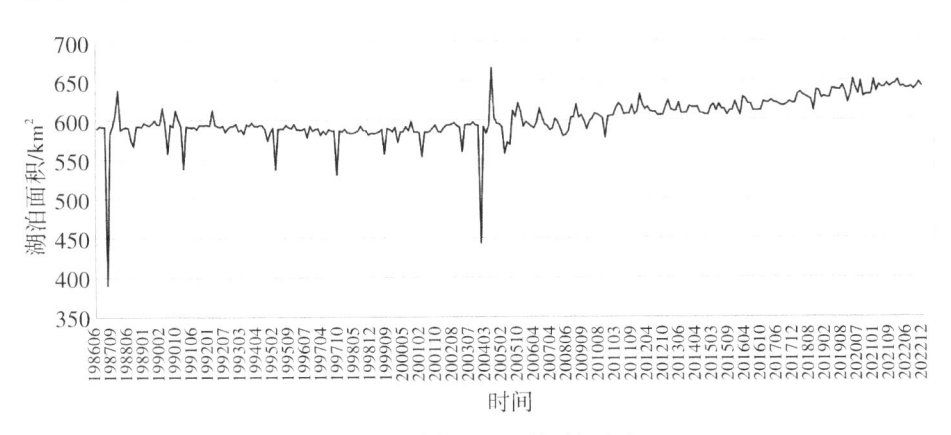

图4.12 哈拉湖面积的时间演变

注:时间序列中YYYYMM表示某年某月,如198606表示1986年6月。

鄂陵湖的丰水期一般出现在10月和11月,枯水期主要出现在3月前后,大部分年份则明显发生在2月或3月。与其他湖泊一致,结冰期普遍出现在12月底至次年2月底,其中12月为开始结冰期,2月为开始融水期。(图4.13)

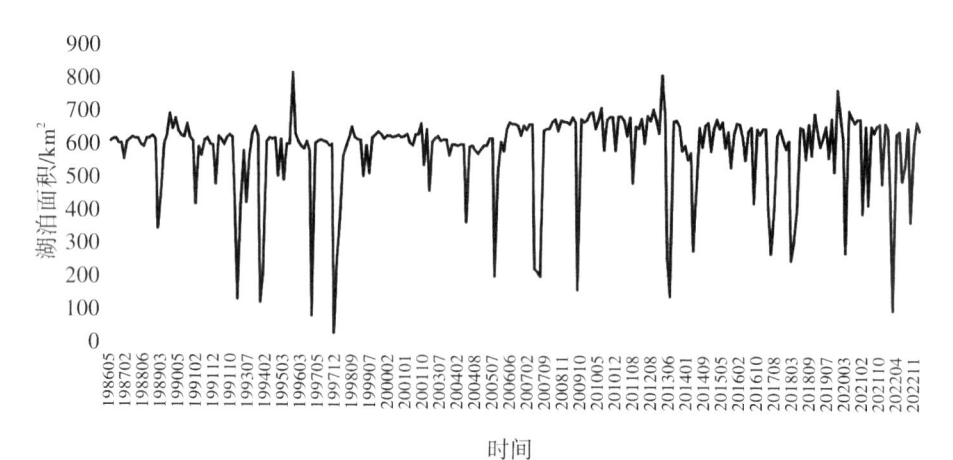

图4.13　鄂陵湖面积的时间演变

扎陵湖的丰水期一般集中在10月前后,主要出现在9月、10月、11月这三个月,枯水期则多出现于5月前后,个别年份也会出现在1月左右,从整体来看,大部分年份6—8月该湖泊的面积变化较小,相对稳定。(图4.14)

乌兰乌拉湖丰水期一般集中在8月前后,枯水期主要出现在2月前后,普遍出现在1月、2月,月度变化具有一定的周期性。结冰期普遍出现在12月底至次年2月底,其中12月湖面开始结冰,而到了2月则开始融水。(图4.15)

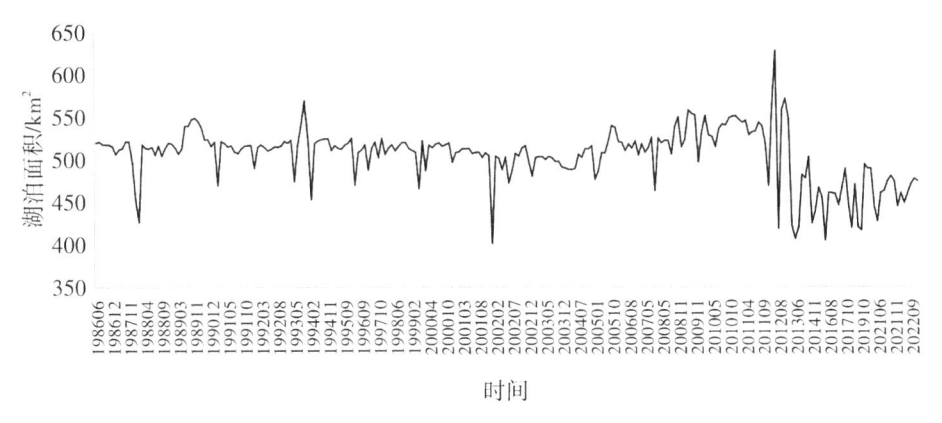

图 4.14 扎陵湖面积的时间演变

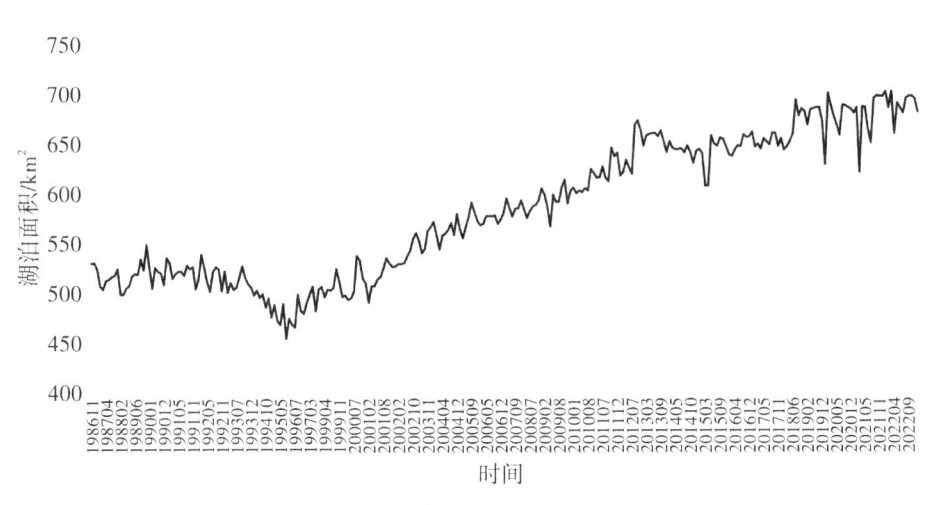

图 4.15 乌兰乌拉湖面积的时间演变

4.2 ‖ 湖泊形状

先将提取到的五大重点湖泊年际数据加载至ArcGIS中,再在数据库中创建形状变化矢量图层,然后在ArcGIS Catalog中的形状变化矢量图层添加COGO字段,之后在ArcMap中绘制形状变化矢量要素,在绘制完成后,最后在编辑状态下更新COGO字段,就可以得到形状变化矢量要素的方向以及距离。本书研究中,主要选用1986—2022年期间湖泊形状变化最明显的方向。其中,以青海湖边界形状变化矢量方向与大小为示例,作简要说明。(表4.1)

表4.1 青海湖边界形状变化矢量方向与大小

年份	矢量方向/(°)	矢量大小/m	年份	矢量方向/(°)	矢量大小/m
1986—1987	148.44	11.80	1986—1987	274.11	320.70
1987—1988	328.44	107.61	1987—1988	94.11	20.71
1988—1989	148.44	114.96	1988—1989	94.11	359.99
1989—1990	148.44	65.22	1989—1990	94.11	329.99
1990—1991	328.44	65.22	1990—1991	274.11	329.99

续表

年份	矢量方向/(°)	矢量大小/m	年份	矢量方向/(°)	矢量大小/m
1991—1992	328.44	7.35	1991—1992	274.11	124.27
1992—1993	148.44	7.35	1992—1993	94.11	94.27
1993—1994	328.44	47.27	1993—1994	274.11	299.99
1994—1995	328.44	116.62	1994—1995	274.11	313.17
1995—1996	328.44	8.55	1995—1996	274.11	106.81
1997—1998	328.44	43.56	1997—1998	274.11	30.00
1998—1999	148.44	52.11	1998—1999	94.11	44.94
2000—2001	328.44	32.48	1999—2000	274.11	30.03
2002—2003	328.44	33.01	2000—2001	274.11	234.12
2005—2006	148.44	93.12	2002—2003	274.11	130.44
2007—2008	148.44	49.77	2003—2004	94.11	124.40
2008—2009	328.44	50.61	2004—2005	274.11	138.92
2009—2010	148.43	98.13	2006—2007	274.11	46.73
2011—2012	148.44	77.30	2007—2008	94.11	548.72
2016—2017	148.44	248.06	2008—2009	274.11	180.02
2017—2018	148.44	403.67	2009—2010	94.11	372.84
2018—2019	148.44	1 082.66	2012—2013	94.11	499.56
2019—2020	148.44	53.22	2013—2014	94.11	216.97
2020—2021	148.44	428.18	2015—2016	94.11	350.86
2021—2022	148.44	134.64	2016—2017	94.11	322.22

青海湖主要在东偏南58.44°和西偏北4.11°方向边界发生扩张或萎缩，这也符合青海湖所处地形带来的影响。湖泊的扩张或萎缩方向除了受到地形因素的影响外，还受到其他因素，比如盛行风向与风速、局部降水等因素的影响。在特定的季节或时段，强风可能会带动湖水向某一方向流动，从而影响湖泊的边界。而局部降水则直接关系湖泊的水量变化，从而影响其边界扩张或萎缩。

哈拉湖的湖泊形状变化主要体现在东南方向边界，其他主要变化方向的变化幅度相差不是特别大，出现这种变化主要是由于在东南方向有一片可连接的水体。

鄂陵湖的湖泊形状变化主要体现在西北侧和东南侧，存在明显不规则性扩张。

扎陵湖的湖泊形状变化主要体现在东侧和南侧，尤其是这两个方向有扩张性湖泊水体连接，在降水比较充沛的季节，湖泊主体会与这两处水体连接，形成湖泊形状上的明显变化。

乌兰乌拉湖的湖泊形状变化在外侧主要体现在东、南、西三个方向，内侧则主要体现在正北方向。

4.3 ‖ 湖泊数量

本节旨在研究青海省不同海拔下的湖泊数量情况以及长时间序列下的演变特征。

本节的分析数据为青海省数字高程模型（DEM）的数据以及1970—2022年青海省湖泊监测成果。使用双线性内插法（Bilinear Interpolation），将DEM中的高程信息插值到矢量文件中，并通过几何算法，获得其对应的最小高程值。青海省湖泊数量的年际变化，见图4.16。

图4.16 青海省湖泊数量的年际变化

青海省内分布着大量的湖泊,从图4.16可以看出,近40年来,青海省湖泊数量总数变化起伏较为明显,呈现先下降后增加再波动下降的趋势,并在2000年和2019年出现了极小值。

将海拔分为<3 000 m、3 000~<4 000 m、4 000~<4 500 m、4 500~<5 000 m、≥5 000 m,并将每年分布于不同海拔区间的湖泊数量进行统计(图4.17)。从垂直分布来看,绝大部分湖泊分布在海拔4 000~<4 500 m和4 500~<5 000 m的区间范围内,湖泊数量分别为12 000个左右和21 000个左右。此外,在湖泊数量较多的区域内,湖泊数量变化更加显著。

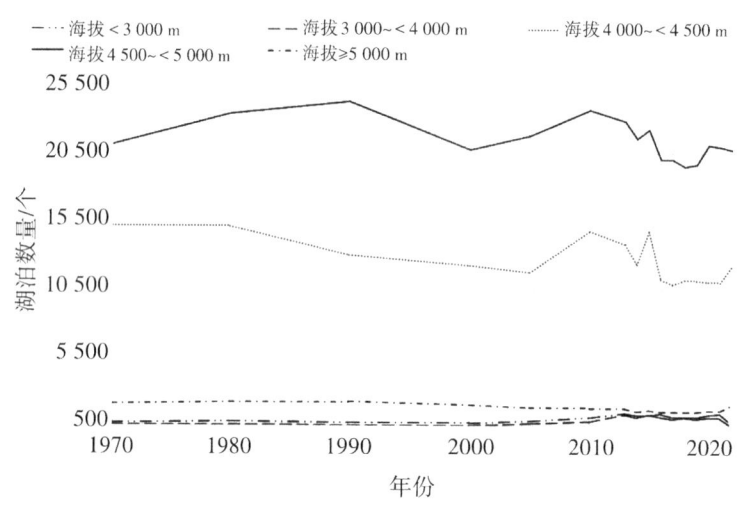

图4.17 不同海拔下青海省湖泊数量年际变化

4.4 ‖ 利用SWAT水文分析模型模拟湖泊变化

应用SWAT(Soil and Water Assessment Tool)模型进行青海湖流域的径流模拟需要5个步骤：①载入DEM数据，对流域内的洼地进行填挖，然后计算汇水面积，定义阈值并生成水系；②流域离散化，定义子流域水系出水口，基于DEM把整个青海湖流域划分成27个子流域；③叠加土地覆盖类型和土壤分类空间数据，重分类为模型中已定义的土地覆盖类型和土壤分类，并定义水文响应单元(Hydrological Response Units, HRU)；④将气象数据导入模型，并分配到每个HRU上；⑤模拟运行，SWAT模型将对每个HRU分别进行径流模拟，再通过河网汇集，得到整个流域的径流量模拟数据。

4.4.1 研究区内土壤数据库的建立

本次使用的ArcSWAT软件中的现有数据库为美国构建的土壤类型数据库，与我国现行的土壤类型划分以及各种属性值分类不同，所以在进行SWAT水文模拟前，需先构建研究区内的土壤数据库。

根据青海湖流域已有的土壤质地数据集以及世界土壤数据库（HWSD），辅助以开源软件SPAW模型计算得出每种土壤类型相应的属性信息，如土壤侵蚀力因子、土壤渗透力、饱和导水率、有机物含量等。

4.4.2 参数敏感性分析

采用Morris提出的LH-OAT灵敏度分析方法，得到影响青海湖流域径流模拟结果精度的7个重要参数。但是，SWAT模型的模拟是基于物理过程进行的，所以在实际率定过程中，应根据实际情况选取部分参数进行调整。本次模拟采用ArcGIS-CUP进行率定，相关参数信息见表4.2和表4.3。

表4.2 土壤数据库第一层土壤相关参数

土壤代码	土壤渗透力/(mm/mm)	饱和导水率/(mm/hr)	土壤侵蚀力因子	土壤分类评级
11103	13.43	13.43	0.16	B
11120	5.28	5.28	0.15	B
11123	58.18	58.18	0.15	A
11124	15.01	15.01	0.15	A
11132	10.49	10.49	0.14	B
11134	22.96	22.96	0.10	C
11136	14.62	14.62	0.32	B
11149	11.73	11.73	0.15	B
11153	6.04	6.04	0.21	B
11158	14.71	14.71	0.16	A
11162	3.29	3.29	0.17	C

续表

土壤代码	土壤渗透力/(mm/mm)	饱和导水率/(mm/hr)	土壤侵蚀力因子	土壤分类评级
11166	7.33	7.33	0.16	A
11171	85.87	85.87	0.16	A
11179	7.47	7.47	0.16	B
11182	7.31	7.31	0.16	A
11341	8.42	8.42	0.18	A
11355	99.79	99.79	0.09	A
11356	99.79	99.79	0.09	A
11357	103.57	103.57	0.09	A
11385	20.63	20.63	0.14	A
11413	11.75	11.75	0.15	A
11425	6.67	6.67	0.16	C
11535	1.89	1.89	0.12	D
11539	13.47	13.47	0.14	B
11543	0.74	0.74	0.15	D
11568	8.03	8.03	0.18	A
11705	56.91	56.91	0.16	A
11719	17.71	17.71	0.14	A
11721	34.85	34.85	0.14	A
11724	26.83	26.83	0.14	A
11727	13.97	13.97	0.16	A
11728	9.44	9.44	0.16	B
11736	56.91	56.91	0.16	A
11748	13.97	13.97	0.16	A
11755	20.77	20.77	0.14	A
11765	56.91	56.91	0.16	A

表 4.3 参数含义及输入文件

排序	参数	含义	输入文件
1	ALPHA_BF	基流回退系数	Groundwater(.gw)
2	GWQMN	浅层地下水发生汇流的阈值	Groundwater(.gw)
3	TIMP	雪盖温度滞后因子	Basin(.bsn)
4	CH_K2	主河道有效水力传导率	Management(.mgt)
5	ESCO	土壤蒸发补偿系数	HRU(.hru)
6	SOL_AWC	土壤可用含水量	Soil(.sol)
7	CN2	初始SCS径流曲线数	Management(.mgt)

4.4.3 模型率定

湖泊的水量平衡公式为

$$\triangle V = FA' + AP - AE \tag{4.1}$$

式中：$\triangle V$ 为湖泊水量变化，通过遥感数据获得；F 为流域内径流量；A' 为流域面积；A 为湖泊面积；P 为降水量，通过再分析数据获取；E 为蒸发量，由彭曼-蒙蒂斯(Penman-Monteith)模型求得。根据上式可求得径流量 F。2002—2008年水量计算结果见表4.4。

表 4.4 2002—2008年水量计算结果

时间	流域面积 $A'/(km^2 \times 10^{-3})$	湖泊面积 $A/(km^2 \times 10^2)$	蒸发量 E/mm	降水量 P/mm	$\triangle V$/m³	F/cm
200203	29 664.36	4 285.89	8.26	46.84	−1 072 442.12	−0.56
200206	29 664.36	4 254.27	84.54	1 128.36	12 919 135.27	−14.93

续表

时间	流域面积 $A'/(km^2 \times 10^{-3})$	湖泊面积 $A/(km^2 \times 10^2)$	蒸发量 E/mm	降水量 P/mm	$\triangle V/m^3$	F/cm
200207	29 664.36	4 284.45	87.64	937.40	−11 846 693.15	−12.31
200208	29 664.36	4 300.57	86.04	489.67	−1 072 442.12	−5.86
200210	29 664.36	4 280.06	31.81	78.97	12 919 135.27	−0.64
200211	29 664.36	4 289.78	3.84	21.90	−11 846 693.15	−0.30
200212	29 664.36	4 274.65	1.79	11.38	−1 072 442.12	−0.14
200301	29 664.36	4 268.88	2.07	3.38	12 919 135.27	0.02
200302	29 664.36	4 268.75	3.75	30.06	−11 846 693.15	−0.42
200303	29 664.36	4 211.07	9.09	77.54	−1 072 442.12	−0.98
200305	29 664.36	4 185.00	39.71	411.73	12 919 135.27	−5.20
200307	29 664.36	4 249.48	87.89	839.48	−11 846 693.15	−10.81
200308	29 664.36	4 275.05	80.41	694.99	−1 072 442.12	−8.86
200310	29 664.36	4 276.61	33.25	60.09	12 919 135.27	−0.34
200311	29 664.36	4 260.23	6.38	44.42	4 440 730.46	−0.53
200312	29 664.36	4 275.99	1.81	5.96	−2 502 373.22	−0.07
200403	29 664.36	4 283.31	11.16	71.60	−12 002 517.20	−0.91
200404	29 664.36	4 248.48	20.74	167.10	3 174 395.81	−2.09
200405	29 664.36	4 253.13	44.48	574.78	−1 685 403.39	−7.61
200406	29 664.36	4 252.86	79.09	594.40	108 531.62	−7.39
200407	29 664.36	4 257.81	93.30	769.31	−1 417 058.75	−9.71
200408	29 664.36	4 262.98	81.16	838.68	1 628 418.53	−10.88
200409	29 664.36	4 272.71	57.16	430.33	5 828 036.51	−5.36

续表

时间	流域面积 $A'/(km^2 \times 10^{-3})$	湖泊面积 $A/(km^2 \times 10^2)$	蒸发量 E/mm	降水量 P/mm	$\triangle V/m^3$	F/cm
200410	29 664.36	4 291.71	35.12	221.49	−20 039 691.67	−2.76
200411	29 664.36	4 274.68	8.62	18.31	27 567 425.90	−0.05
200412	29 664.36	4 292.23	1.53	8.22	−17 196 596.60	−0.15
200502	29 664.36	4 262.61	5.42	55.20	484 146 449.40	0.92
200503	29 664.36	4 263.88	14.47	125.72	−962 629 943.60	−4.84
200504	29 664.36	4 263.10	18.48	694.81	485 850 865.90	−8.08
200506	29 664.36	4 256.58	81.75	544.42	−9 333 143.90	−6.67
200507	29 664.36	4 271.77	85.54	1 151.78	−18 813 905.36	−15.42
200508	29 664.36	4 288.06	81.25	952.48	23 004 626.25	−12.52
200509	29 664.36	4 309.07	56.13	598.04	112 147 516.70	−7.49
200510	29 664.36	4 325.85	31.22	137.23	−195 306 302.60	−2.20
200602	29 664.36	4 360.85	6.95	57.74	86 615 309.00	−0.45
200603	29 664.36	4 300.28	7.72	24.01	265 552.51	−0.24
200604	29 664.36	4 291.48	19.60	191.27	−60 105 129.06	−2.69
200605	29 664.36	4 292.55	38.96	327.39	83 400 353.41	−3.89
200606	29 664.36	4 292.55	60.59	480.43	9 682 762.11	−6.04
200607	29 664.36	4 296.85	92.69	1 273.36	−52 774 370.96	−17.28
200608	29 664.36	4 307.84	86.81	715.12	18 922 657.24	−9.06
200609	29 664.36	4 315.66	58.85	455.06	−2 080 587.71	−5.77
200610	29 664.36	4 320.03	31.59	132.85	−11 578 538.25	−1.51
200611	29 664.36	4 323.82	6.08	30.06	38 675 602.98	−0.22
200612	29 664.36	4 349.73	2.12	13.11	−22 357 306.94	−0.24
200704	29 664.36	4 290.87	29.73	230.30	−7 842 362.95	−2.93

续表

时间	流域面积 $A'/(km^2 \times 10^{-3})$	湖泊面积 $A/(km^2 \times 10^2)$	蒸发量 E/mm	降水量 P/mm	$\triangle V/m^3$	F/cm
200705	29 664.36	4 283.93	34.07	344.26	−28 179 414.35	−4.57
200706	29 664.36	4 293.66	74.82	1 083.63	66 060 467.03	−14.38
200707	29 664.36	4 307.88	98.56	1 166.42	−45 160 301.04	−15.66
200708	29 664.36	4 293.48	86.80	814.27	−7 005 453.13	−10.55
200709	29 664.36	4 312.68	57.77	982.88	51 361 661.21	−13.28
200802	29 664.36	4 334.70	7.31	19.00	−41 878 314.86	−0.31
200805	29 664.36	4 296.92	39.99	237.81	−1 238 735.58	−2.87
200806	29 664.36	4 303.68	66.73	587.65	8 844 778.18	−7.53
200807	29 664.36	4 309.71	82.52	1 253.51	−11 909 501.59	−17.05
200808	29 664.36	4 320.33	85.51	563.57	−65 088 293.49	−7.18
200811	29 664.36	4 336.43	4.96	47.44	78 143 829.30	−0.36

利用2002—2005年逐月蓄水量变化，统计同期的累积降水量和累积蒸发量，计算得到同时间段的径流量。根据参数敏感性分析结果，结合研究区的环境特点选择要调整的参数。调整顺序依次为地表径流、土壤水分、蒸发和地下径流。模型率定与数据验证结果见表4.5。

表4.5 模型率定与数据验证

年份	计算平均值/mm	模拟平均值/mm	相对误差/%	决策系数 R^2
2002—2005	48.57	47.37	2.4	0.83
2006—2008	62.63	61.07	2.4	0.83

4.4.4 模拟结果验证

选择相关系数 R 来验证模型模拟值和实测值之间的符合程度。若 $R>0.8$，则认为两组数据具有很强的线性关系。本节利用逐月蓄水量变化进行模拟验证，计算得到 $R^2=0.83$，即 $R>0.9$，表明 SWAT 模型经过率定后，能比较准确地描述该流域的水文过程。

4.5 利用非间距灰色预测模型（Verhulst模型）预测湖泊的面积

灰色系统理论以"部分信息已知、部分信息未知"的"小样本""贫信息"不确定性系统为研究对象，主要通过对"部分"已知信息的生成、开发，提取有价值的信息，实现对系统运行行为、演化规律的准确描述和有效监控。这种理论在工业、农业、经济、能源、交通等众多领域都有广泛的应用。

利用遥感（RS）与地理信息系统（GIS）技术，可以提取青海省五大重点湖泊的面积信息，应用灰色预测模型可填补已发生的缺失面积信息，也可对未来的面积变化进行预测，为保护湖泊及其生态环境提供基础资料。五大湖泊面积变化的模型预测结果详见图4.18，湖泊面积预测结果见表4.6、表4.7、表4.8、表4.9和表4.10。

(a)青海湖湖泊面积模型预测结果

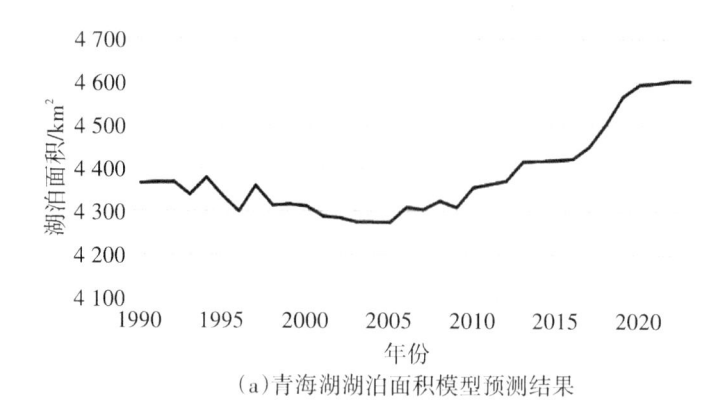

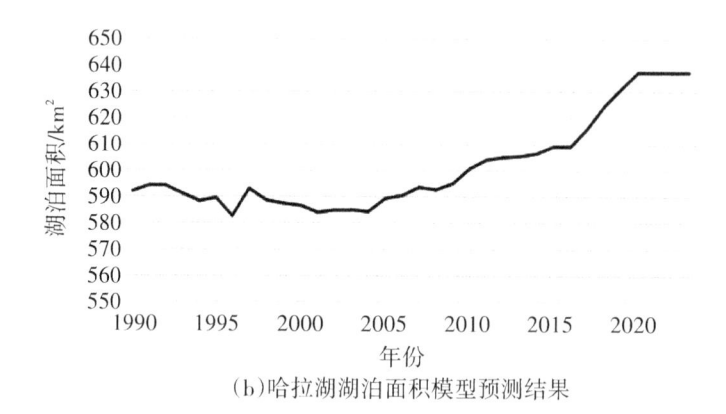

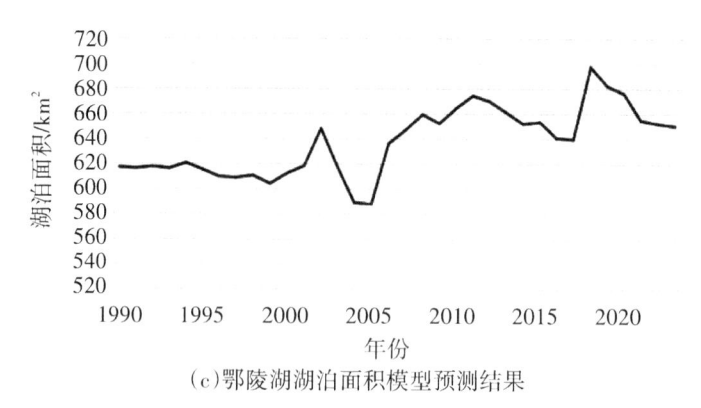

(b)哈拉湖湖泊面积模型预测结果

(c)鄂陵湖湖泊面积模型预测结果

图4.18 五大湖泊面积变化的模型预测结果

(d)扎陵湖湖泊面积模型预测结果

(e)乌兰乌拉湖湖泊面积模型预测结果

图4.18 五大湖泊面积变化的模型预测结果(续)

表4.6 青海湖湖泊面积预测结果

遥感数据获取年份 $t^{(0)}$	湖泊面积 $x^{(0)}/\text{km}^2$	预测面积 $\hat{x}^{(0)}/\text{km}^2$	残差 $x^{(0)}(t)-\hat{x}^{(0)}(t)$	相对误差 $\dfrac{x^{(0)}(t)-\hat{x}^{(0)}(t)}{x^{(0)}(t)}$
1990	4 366.26	4 366.26	0	0.00%
1995	4 334.10	4 334.53	−0.43	−0.01%
2000	4 311.30	4 313.16	−1.86	−0.04%

续表

遥感数据获取年份 $t^{(0)}$	湖泊面积 $x^{(0)}$/km²	预测面积 $\hat{x}^{(0)}$/km²	残差 $x^{(0)}(t)-\hat{x}^{(0)}(t)$	相对误差 $\dfrac{x^{(0)}(t)-\hat{x}^{(0)}(t)}{x^{(0)}(t)}$
2005	4 273.64	4 276.37	−2.73	−0.06%
2010	4 355.04	4 359.09	−4.05	−0.09%
2015	4 419.35	4 424.31	−4.96	−0.11%
2020	4 594.36	4 599.38	−5.02	−0.11%

表4.7　哈拉湖湖泊面积预测结果

遥感数据获取年份 $t^{(0)}$	湖泊面积 $x^{(0)}$/km²	预测面积 $\hat{x}^{(0)}$/km²	残差 $x^{(0)}(t)-\hat{x}^{(0)}(t)$	相对误差 $\dfrac{x^{(0)}(t)-\hat{x}^{(0)}(t)}{x^{(0)}(t)}$
1990	593.99	593.99	0	0.00%
1995	588.55	588.82	−0.27	−0.05%
2000	585.03	585.59	−0.56	−0.10%
2005	592.71	593.53	−0.82	−0.14%
2010	604.04	605.27	−1.23	−0.20%
2015	609.20	610.78	−1.58	−0.26%
2020	637.44	639.29	−1.85	−0.29%

表4.8　鄂陵湖湖泊面积预测结果

遥感数据获取年份 $t^{(0)}$	湖泊面积 $x^{(0)}$/km²	预测面积 $\hat{x}^{(0)}$/km²	残差 $x^{(0)}(t)-\hat{x}^{(0)}(t)$	相对误差 $\dfrac{x^{(0)}(t)-\hat{x}^{(0)}(t)}{x^{(0)}(t)}$
1990	617.66	617.66	0	0.00%
1995	609.76	609.93	−0.17	−0.03%
2000	618.35	618.99	−0.64	−0.10%

续表

遥感数据获取年份 $t^{(0)}$	湖泊面积 $x^{(0)}/\text{km}^2$	预测面积 $\hat{x}^{(0)}/\text{km}^2$	残差 $x^{(0)}(t)-\hat{x}^{(0)}(t)$	相对误差 $\dfrac{x^{(0)}(t)-\hat{x}^{(0)}(t)}{x^{(0)}(t)}$
2005	636.24	637.19	−0.95	−0.15%
2010	674.77	676.14	−1.37	−0.20%
2015	653.73	655.59	−1.86	−0.28%
2020	676.59	678.93	−2.34	−0.35%

表4.9 扎陵湖湖泊面积预测结果

遥感数据获取年份 $t^{(0)}$	湖泊面积 $x^{(0)}/\text{km}^2$	预测面积 $\hat{x}^{(0)}/\text{km}^2$	残差 $x^{(0)}(t)-\hat{x}^{(0)}(t)$	相对误差 $\dfrac{x^{(0)}(t)-\hat{x}^{(0)}(t)}{x^{(0)}(t)}$
1990	521.26	521.26	0	0.00%
1995	520.01	520.47	−0.46	−0.09%
2000	520.75	522.12	−1.37	−0.26%
2005	521.46	523.52	−2.06	−0.40%
2010	538.40	541.83	−3.43	−0.64%
2015	527.28	531.54	−4.26	−0.81%
2020	548.02	553.27	−5.25	−0.96%

表4.10 乌兰乌拉湖湖泊面积预测结果

遥感数据获取年份 $t^{(0)}$	湖泊面积 $x^{(0)}/\text{km}^2$	预测面积 $\hat{x}^{(0)}/\text{km}^2$	残差 $x^{(0)}(t)-\hat{x}^{(0)}(t)$	相对误差 $\dfrac{x^{(0)}(t)-\hat{x}^{(0)}(t)}{x^{(0)}(t)}$
1990	593.99	593.99	0	0.00%
1995	588.55	588.27	0.28	0.05%
2000	585.03	583.34	1.69	0.29%

续表

遥感数据获取年份 $t^{(0)}$	湖泊面积 $x^{(0)}/\text{km}^2$	预测面积 $\hat{x}^{(0)}/\text{km}^2$	残差 $x^{(0)}(t) - \hat{x}^{(0)}(t)$	相对误差 $\dfrac{x^{(0)}(t) - \hat{x}^{(0)}(t)}{x^{(0)}(t)}$
2005	592.71	591.21	1.50	0.25%
2010	604.04	602.89	1.15	0.19%
2015	609.20	607.54	1.66	0.27%
2020	637.44	634.88	2.56	0.40%

根据模型预测结果与精度评定,五大湖模型后验差(后验差比值C,该值为残差方差/数据方差)分别为$C_1=0.15$,$C_2=0.12$,$C_3=0.18$,$C_4=0.13$,$C_5=0.17$。小误差概率分别为$P_1=1$,$P_2=0.97$,$P_3=0.95$,$P_4=0.98$,$P_5=1$。P值大,说明误差较小的概率大,预测结果良好。

4.6 小结

本章主要介绍了基于Landsat系列Collection 2 Level 2数据的湖泊要素变化监测结果。第一部分主要从年际、季节、月份三个时间尺度对青海湖、哈拉湖、鄂陵湖、扎陵湖、乌兰乌拉湖的湖泊面积变化进行监测和分析;第二部分主要对这五个湖泊面积的年际形状变化进行监测和分析;第三部分主要对青海省内不同海拔的湖泊数量进行监测和分析。

第四部分基于提取的湖泊面积以及DEM、土壤质地、土地覆盖、气象、蒸散发等数据,应用SWAT模型进行拟合。通过调整相关参数,进行相关率定,模型可以很好地模拟青海湖流域的水文情况。第五部分则基于提取得到的青海湖、哈拉湖、鄂陵湖、扎陵湖、乌兰乌拉湖的湖泊面积数据,进行了基于Verhulst模型的湖泊面积变化模拟,并根据预测结果进行了精度评定。

第五章
青海省重点湖泊要素的长时间演变分析及驱动因子

5.1 青海省重点湖泊水域土地利用类型变化特点及影响分析

在探讨1985年至2020年间(包含首尾年份)青海省重点湖泊水域土地利用类型变化特点及影响分析时,我们基于收集到的数据进行了深入分析。首先,获取了1985年、1990年、1995年、2000年、2005年、2010年、2015年和2020年的相关数据。为了准确评估这一时间跨度内相关变量的变化速率,将这些年份划分为七个时段,即1985—1990年、1990—1995年、1995—2000年、2000—2005年、2005—2010年、2010—2015年和2015—2020年。每个时段的变化量计算方式均遵循相同的原则,即采用后一年份的数据减去前一年份的数据。例如,1985—1990年的变化量即1990年数据减去1985年数据所得。这一方法确保了我们在评估变化速率时,能够准确捕捉每个时段内的动态变化,从而为后续的研究分析提供坚实的数据基础。

5.1.1 土地利用类型总体变化特征分析

从青海省整体土地利用/覆盖类型来看,青海省重点湖泊水域主要土地利用/覆盖类型为草地、水体和裸地,耕地、雪/冰、林地、湿地占比微小且呈零星分布。

(1)青海湖湖区(QH)。

在研究期内,从面积和面积占比来看,草地为QH最主要的土地利用/覆盖类型,且年际占比保持在50%左右。1985—2000年间,草地面积变化为"增减减",2000—2005年间,面积小幅度增加后呈一直递减趋势。草地面积由1985年的5 240.96 km²变为2020年的5 202.46 km²,整体略微减少。水体面积占比仅次于草地。1985—1990年水体面积增加,1990—2005年水体面积则持续减少,2005—2020年水体面积稳步增加,整体面积由1985年的4 363.24 km²变为2020年的4 558.36 km²。裸地面积于1985—2005年一直保持着"先减后增"的波动变化趋势,在2000年达到最小值274.30 km²,在2005年达到最大值419.60 km²,2005年后面积一直减少。裸地面积整体从1985年的373.72 km²减少到2020年的331.28 km²。耕地面积占比最小但变化最明显。耕地面积在1985—1990年有小幅缩减,随后在1995年增加到235.94 km²,并在2000年达到最大值274.30 km²。但2005年时,耕地面积突降至84.53 km²,并且在2010年进一步发生小幅减少,此后10年面积变化趋于稳定。耕地面积整体从1985年的194.39 km²减少至2020年的89.83 km²。林地面积在1985—1995年间一直呈递减趋势,在1995—2000年间大幅增大后逐年递减。研究期内林地面积的最小值为2015年的11.69 km²,到2020年小幅增加至14.77 km²。湿地面积在1985—1994年间保持相对稳定,在1995年突然增加至2.05 km²,达研究期内的最大值,在2000—2015年各时段又骤然降低一个数量级,分别为0.77 km²、0.49 km²和0.68 km²,2015年大幅增加至1.71 km²,之后稳定持续增长至2020年的1.85 km²。

从面积变化幅度和单一土地利用动态度来看,研究期内草地面积整体减少了38.50 km²,但变化量与总量相比影响较小,面积总体稳定但大多时段间呈递减的变化趋势,1985—2020年间各时段的面积变化速率分别为0.09%、-0.14%、-0.13%、0.76%、-0.09%、-0.14%和-0.48%。裸地面积整体减少了42.44 km²,1985—1995年各时段的面积变化速率分别为-0.82%和0.97%,然而2000年裸地面积突降,2005年裸地面积又大幅增加。继2000年、2005年裸地面积剧烈变化后,2005—2020年裸地面积变化呈稳定递减状态,各时段的面积变化速率分别为-1.01%、-1.98%和-1.55%。水体面积于1985—1990年以0.03%的增速小幅增加后,1990—2005年持续减少(分别以0.12%、0.19%和0.09%的变化速率减少),2005年后水体面积开始增加且增速不断提高(从0.24%、0.37%到0.65%),整体水体面积增加195.12 km²。研究期内耕地面积减少104.56 km²,相较于整体面积其动态变化更加剧烈。1985—1990年耕面积小幅递减,减速为1.14%,1990—2000年面积持续增加,增速分别为5.74%和3.25%,然而2000—2005年耕地面积以13.84%的变化速率急速减少,面积减少189.77 km²,后数年面积保持持续减少的趋势,直到2015年面积小幅度回升至2.64 km²,增速提高0.69%,2015—2020年面积继续增加且增速同样提高至 0.65%。林地面积整体减少 10.46 km², 1985—1995 年呈递减趋势,减速分别为 3.02% 和 7.00%,1995—2000 年面积突增 7.51 km²,增速达 10.79%,2000—2020 年林地面积呈"减增减增"的状态,变化幅度分别为 -2.69%、1.10%、-8.04% 和 5.26%,其中 2010—2015 年面积变化较为显著为 -7.87 km²。湿地面积整体增加 0.86 km²,相较于整体面积其动态变化更大,1985—1990 年以 1.40% 的速率减少后,1990—1995 年面积激增 1.13 km²(增速为 24.56%),1995—2005 年湿地面积再递减,减速分别为 12.53% 和 7.34%,2005—2020 年间一直呈递增趋势,面积变化分别为 0.19 km²(2005—2010 年)、1.03 km²(2010—2015 年)和 0.14 km²(2015—2020 年),增速分别为 7.86%、30.53% 和 1.66%,2010—2015 年为变化最大的时间段。

(2)哈拉湖湖区(HL)。

HL 最主要的土地利用/覆盖类型为草地且年际占比保持在 50% 左右。1985—1995 年间草地面积为"先增后减",1995 年后草地面积一直递增到 2010 年,后又持续递减,但面积总体仍增加,由 1985 年的 1 346.87 km² 变为 2020 年的 1 559.36 km²。裸地面积占比仅次于草地。1985—2000 年间裸地面积变化为"先减后增",2000—2010 年间裸地面积持续减少,后又逐渐递增,整体面积由 1985 年的 901.24 km² 变为 2020 年的 641.29 km²,面积锐减。水体面积于 1985—1995 年整体保持稳定,在 2000 年小幅度缩减后一直稳步增加,整体面积从 1985 年的 591.07 km² 增加到2020年的639.64 km²,面积增加明显。耕地面积为占比最小的土地利用类型,但其变化最为明显。1985—1990年耕地面积从576.34 m²变为900.00 m²,显著增加,1990—1995年耕地面积缩小,1995—2000年再次增加到900.00 m²,此后几年间面积不断起伏波动,至2005年耕地面积为0。

从面积变化幅度和单一土地利用动态度来看,研究期内草地面积整体增加212.49 km²,1985—1995年间为小幅度波动,1995—2000年增速为5.09%,2000—2010年的增速为0.31%、0.77%,2010—2020年的减速为0.63%、1.57%。裸地面积整体减少259.95 km²,1985—1995年十年间面积整体变化不大,但1990—1995年间缩减速率达7.10%,继1995—2000年间面积小幅增加后,2000—2005年间骤然减少(变化幅度为7.21%),后连续10年为减速变化,2010—2020间裸地面积重新增加,增速分别达到1.94%和4.03%。水体面积在研究期内变化平稳,以小幅增加为主,1985—2020年间各时段的面积变化速率分别为0.02%、-0.02%、-0.16%、0.26%、0.35%、0.27%和0.88%,整体面积增加48.57 km²。耕地面积于1985—1990年增速高达11.23%,1990—1995呈减少趋势且减速为6.31%,1995—2000年间面积回增为900.00 m²,2005年时该土地利用/覆盖类型面积为0。

(3)扎陵湖和鄂陵湖湖区(ZE)。

ZE最主要的土地利用/覆盖类型为草地且其年际占比保持在70%左右。1985—2005年间,草地面积呈"先增后减"的趋势,面积由1985年的

2 998.86 km² 变为 2020 年的 2 945.33 km²，整体减少。水体面积占比仅次于草地，占比始终维持在 27%~30% 之间。1985—1995 年间水体面积一直在缓慢增加，2000 年时水体面积突减，后连续 10 年面积增加，2010—2015 年间面积减少，2015—2020 年间面积又有小幅增加。水体面积由 1985 年的 1 174.56 km² 变为 2020 年的 1 239.14 km²，总体增加。裸地面积于 1985—1990 年间减少，1990—1995 年面积增加，1995—2015 年面积递减，2015—2020 年面积再次增加，由 1985 年的 29.3 km² 减少到 2020 年的 18.51 km²，面积整体锐减。耕地面积占比最小但有巨大变化。1985—1990 年耕地面积大幅缩减，从 0.23 km² 变为 0.001 km²，1990—1995 年面积有小幅回升，到 2000 年耕地面积为 0。

从面积变化幅度和单一土地利用动态度来看，研究期内草地面积整体减少 53.53 km²，变化量与总量相比影响微弱，各时段间变化多为小幅增、大幅减。1985—2005 年间各时段的草地面积变化速率为 0.02%、−0.04%、0.03% 和 0.005%，2005—2010 年的面积变化速率为 −0.41%，后数年变化速率趋于平稳。裸地面积整体减少 10.79 km²。1985—1995 年间裸地面积变化相互抵消，1995—2015 年间各时段的面积变化速率分别为 −0.68%、−6.67%、−4.96% 和 −0.41%，为逐年递减，在 2000—2005 年间面积递减速率突增，变化量与总量相比无明显影响且各时段间总是呈"增—减—增—减"的变化趋势。水体面积除 1995—2000 年和 2010—2015 年间为减少外，其余时段均为增加，尤其是 2005—2010 年其面积增速达 1.12%。耕地面积于 1985—1990 年减速高达 19.87%，1990—1995 年面积有所增加后,该土地利用/覆盖类型面积于2000年变化为0。

(4)乌兰乌拉湖湖区(WL)。

草地为WL最主要的土地利用/覆盖类型且年际占比保持在70%以上。1985—2000年间草地面积呈"先减后增"的变化趋势,2000年后面积一直呈递减趋势。草地面积由1985年的2 195.17 km²变为2020年的2 054.45 km²,整体减少。水体面积占比仅次于草地。1985—2000年间水体面积变化为"先增后减",2000年后水体面积持续增加,面积由1985年的533.58 km²变为2020年的726.94 km²,总体增加。裸地面积于1985—1995年持续递减,1995—2015年面积呈"先增后减"的趋势,2015—2020年面积再度减少,整体面积从1985年的88.32 km²锐减到2020年的36.24 km²。耕地面积占比最小但其变化最剧烈。1985—1990年耕地面积大幅缩减,从3 600.00 km²变为576.34 km²,1990—1995年面积变化相对平稳,到2000年耕地面积减少为0。

从面积变化幅度和单一土地利用动态度来看,研究期内草地面积整体减少140.72 km²,变化量与总量相比影响微弱,但各时段间面积仍有增减的波动变化。1985—2020年间各时段的面积变化速率分别为-0.01%、0.33%、-0.13%、-0.38%、-0.31%、-0.55%和-0.25%。裸地面积整体减少52.08 km²,1990—1995年间缩减速率达4.53%,在1995—2000年间面积小幅回增后,2000—2005年间的减速高达7.21%。水体面积除1990—1995年有0.62%的减少外,其余时段均为增加,尤其是2000—2005年其面积增速达2.56%。整体水体面积大幅度提高193.36 km²。耕地面积于1985—1990年减速高达16.80%,1990—1995年面积保持稳定,2000年时该土地利用/覆盖类型面积为0。

5.1.2 土地利用类型时空变化特征

从研究区域整体土地利用/覆盖类型变化转移方向和面积变化来看,青海省重点湖泊水域主要土地利用/覆盖类型转移方向主要包括:草地转为水体和裸地,裸地转为草地和水体,水体转为草地和裸地以及耕地、雪/冰、林地、湿地间占比较小的转移。各湖区土地利用随时间的变化情况,可参考彩图2、彩图3、彩图4、彩图5。

(1)青海湖湖区。

根据研究结果,1985—1990年,青海湖湖区草地主要转为裸地4.12 km²、水体2.75 km²、耕地10 km²、林地0.77 km²和湿地0.003 km²;耕地转为草地20.98 km²、水体0.17 km²、林地0.03 km²、裸地4 046.10 m²和湿地5 876.04 m²;裸地转移为草地、水体和耕地的面积分别为15.1 km²、4.4 km²和695.47 m²;水体转移为草地、裸地、耕地、林地和湿地的面积分别为0.59 km²、0.006 km²、0.002 km²、7 801.40 m²和27.70 m²。

1990—1995年,草地主要转为裸地23.5 km²、水体0.52 km²,耕地78.6 km²、林地1.24 km²和湿地1.40 km²;耕地转为草地27.8 km²、水体0.01 km²、林地0.03 km²、裸地9 834.74 m²和湿地0.05 km²;裸地转移为草

地、水体和耕地的面积分别为 18.2 km²、0.023 km² 和 2 209.61 m²；水体转移为草地、裸地、耕地、林地和湿地的面积分别为 12.6 km²、12.3 km²、1.87 km²、8 037.62 m² 和 0.001 5 km²。

1995—2000 年，草地主要转为水体 0.6 km²、耕地 55.8 km²、林地 8.68 km²、湿地 0.006 km²；耕地转为草地 19.2 km²、水体 0.07 km²、林地 0.04 km² 和湿地 0.03 km²；水体转移为草地、裸地、耕地、林地和湿地的面积分别为 15.8 km²、0.006 km²、0.002 km²、7 801.40 m² 和 27.70 m²。

2000—2005 年，草地主要转为裸地 20.8 km²、水体 1.46 km²、耕地 10 km²、林地 0.8 km²、湿地 0.003 km²；耕地转为草地 199.5 km²、水体 0.20 km²、林地 5 251.1 m²、裸地 5 498.6 m² 和湿地 0.01 km²；裸地转移为草地、水体和耕地的面积分别为 15.1 km²、4.4 km² 和 695.47 m²；水体转移为草地、裸地、耕地、林地和湿地的面积分别为 8.95 km²、11.19 km²、0.27 km²、0.05 km² 和 0.02 km²。

2005—2010 年，草地主要转为裸地 20.8 km²、水体 1.46 km²、耕地 10 km²、林地 0.77 km²、湿地 0.003 km²；耕地转为草地 36.91 km²、水体 0.88 km²、林地 0.14 km²、裸地 6 255.7 m² 和湿地 0.03 km²；裸地转移为草地、水体和耕地的面积分别为 10.4 km²、30.4 km² 和 988.4 m²；水体转移为草地、裸地、耕地、林地和湿地的面积分别为 0.77 km²、0.63 km²、0.04 km²、0.11 km² 和 0.03 km²。

2010—2015 年，草地主要转为裸地 13.4 km²、水体 3.98 km²、耕地 10 km²、林地 0.8 km²、湿地 0.003 km²；耕地转为草地 27.58 km²、水体

3.77 km²、林地 8 245.12 m²、裸地 7 142.53 m² 和湿地 0.08 km²；裸地转移为草地、水体和耕地的面积分别为 14.8 km²、38.2 km² 和 5521.5 m²；水体转移为草地、裸地、耕地、林地和湿地的面积分别为 0.6 km²、0.001 km²、0.002 km²、4 393.54 m² 和 0.001 km²。

2015—2020 年，草地主要转为裸地 26 km²、水体 91.9 km²、耕地 32.7 m²、林地 4.35 km²、湿地 1.05 km²；耕地转为草地 19.09 km²、水体 3.46 km²、林地 0.01 km²、裸地 4 560.04 m² 和湿地 0.05 km²；裸地转移为草地、水体和耕地的面积分别为 6.3 km²、47.5 km² 和 1 240.2 m²；水体转移为草地、裸地、耕地、林地和湿地的面积分别为 0.6 km²、0.006 km²、0.002 km²、7 801.40 m² 和 27.70 m²。

（2）哈拉湖湖区。

根据研究结果，1985—1990 年，哈拉湖湖区草地主要转为裸地 49.6 km² 和水体 0.003 km²；耕地转为草地 27.70 m²，仅剩 548.65 m² 保留为耕地；裸地转移为草地和水体的面积分别为 53.7 km² 和 0.56 km²；水体转移为草地和裸地的面积分别为 0.0023 km² 和 0.006 km²。

1990—1995 年，草地主要转为裸地 161 km²、水体 0.15 km² 和耕地 55.40 m²；耕地转为裸地 339.19 m²；裸地转移为草地和水体的面积分别为 130 km² 和 0.54 km²；水体转移为草地和裸地的面积分别为 0.003 5 km² 和 1.47 km²。

1995—2000 年，草地主要转为裸地 25.4 km² 和水体 0.0026 km²；耕地

转为草地 55.40 m²；裸地转移为草地、水体和耕地的面积分别为 361 km²、0.004 km² 和 339.19 m²；水体转移为草地和裸地的面积分别为 0.007 km² 和 4.73 km²。

2000—2005 年，草地主要转为裸地 94.8 km² 和水体 0.15 km²；耕地转为草地和裸地的面积分别为 841.20 m² 和 59.25 m²；裸地转移为草地和水体的面积分别为 121 km² 和 7.54 km²；水体转移为草地和裸地的面积分别为 5 588.86 m² 和 0.009 km²。

2005—2010 年，草地主要转为裸地 71.8 km² 和水体 0.5 km²；裸地转移为草地和水体的面积分别为 137 km² 和 9.99 km²；水体转移为草地和裸地的面积分别为 9 704.86 m² 和 0.14 km²。

2010—2015 年，草地主要转为裸地 119 km² 和水体 0.85 km²；裸地转移为草地和水体的面积分别为 65 km² 和 7.32 km²；水体转移为草地和裸地的面积分别为 0.001 6 km² 和 0.15 km²。

2015—2020 年，草地主要转为裸地 203 km² 和水体 9.60 km²；裸地转移为草地和水体的面积分别为 80.2 km² 和 18.9 km²；水体转移为草地和裸地的面积分别为 0.001 5 km² 和 0.1 km²。

(3) 扎陵湖和鄂陵湖湖区。

根据研究结果，1985—1990 年，扎陵湖和鄂陵湖湖区草地主要转为裸地 2.07 km² 和水体 2.66 km²，且仅有 27.70 m² 转为耕地；耕地转为草地 0.12 km² 和水体 0.1 km²，仅剩 1 448.65 m² 保留为耕地；裸地转移为草地和水体的面积分别为 5.46 km² 和 1.46 km²；水体转移为草地和裸地的面积分别为 2.31 km² 和 0.007 6 km²。

1990—1995 年，草地主要转为裸地 10.4 km² 和水体 4.52 km²；耕地转为草地 27.70 m²；裸地转移为草地和水体的面积分别为 6.16 km² 和 1.76 km²；水体转移为草地和裸地的面积分别为 3.09 km² 和 2.24 km²。

1995—2000 年，草地主要转为裸地 3.66 km² 和水体 3.88 km²；耕地转为草地 27.70 m² 和水体 1 772.30 m²；裸地转移为草地和水体的面积分别为 6.15 km² 和 0.76 km²；水体转移为草地和裸地的面积分别为 6.18 km² 和 0.002 km²。

2000—2005 年，草地主要转为裸地 1.89 km² 和水体 11.2 km²；裸地转移为草地和水体的面积分别为 8.5 km² 和 16.3 km²；水体转移为草地和裸地的面积分别为 6.21 km² 和 0.59 km²。

2005—2010 年，草地主要转移为裸地 4.2 km² 和水体 60.7 km²；裸地转移为草地和水体分别为 3.01 km² 和 5.89 km²；水体主要转移为草地为 0.33 km²。

2010—2015 年，草地主要转为裸地 3.95 km² 和水体 3.71 km²；裸地转移为草地和水体的面积分别为 4.92 km² 和 2.55 km²；水体转移为草地和裸地的面积分别为 19.6 km² 和 0.93 km²。

2015—2020 年，草地主要转为裸地 8.55 km² 和水体 10.1 km²；裸地转移为草地和水体的面积分别为 3.38 km² 和 1.28 km²；水体转移为草地和裸地的面积分别为 3.55 km² 和 0.76 km²。

(4)乌兰乌拉湖湖区。

根据研究结果,1985—1990年,乌兰乌拉湖湖区草地主要转为裸地 8.25 km² 和水体 2.05 km²,且仅有 27.70 m² 转为耕地;耕地转为草地 359.90 m² 和水体 2 691.45 m²;裸地转移为草地和水体的面积分别为 8.28 km² 和 1.95 km²;水体转移为草地和裸地的面积分别为 0.6 km² 和 0.13 km²。

1990—1995年,草地主要转为裸地 14.2 km² 和水体 0.46 km²;裸地转移为草地和水体的面积分别为 45.3 km² 和 0.45 km²;水体转移为草地和裸地的面积分别为 5.70 km² 和 0.067 km²。

1995—2000年,草地主要转为裸地 22 km² 和水体 6.48 km²;耕地转为水体 576 m²;裸地转移为草地和水体的面积分别为 12.5 km² 和 6.64 km²;水体转移为草地和裸地的面积分别为 1.16 km² 和 2.97 km²。

2000—2005年,草地主要转为裸地 18.5 km² 和水体 27 km²;裸地转移为草地和水体的面积分别为 3.63 km² 和 40.8 km²;水体转移为草地和裸地的面积分别为 0.12 km² 和 0.006 km²。

2005—2010年,草地主要转为裸地 14.1 km² 和水体 23.7 km²;裸地转移为草地和水体的面积分别为 3.54 km² 和 6.74 km²;水体转移为草地和裸地的面积分别为 0.39 km² 和 0.19 km²。

2010—2015年,草地主要转移为裸地 14.2 km² 和水体 55.6 km²;裸地转移为草地和水体的面积分别为 9.45 km² 和 6.75 km²;水体转移为草地和裸地的面积分别为 1.35 km² 和 0.7 km²。

2015—2020年,草地主要转移为裸地6.9 km²和水体32.5 km²;裸地转移为草地和水体的面积分别为12.8 km²和6.64 km²;水体转移为草地和裸地的面积分别为0.6 km²和0.9 km²。

5.1.3 土地利用类型对青海省湖区影响

综上所述,青海省重点湖泊水域土地利用/覆盖类型,无论在面积和占比上,还是在土地类型转移方向和面积大小上,草地、水体都发挥着主要作用。

(1)青海湖湖区。

青海湖位于青藏高原东北部,为我国最大的咸水湖,整个湖区内草地与水体两种土地类型为主要组成部分。1985—1990年草地和裸地向水体转移面积大于水体向二者转移,水体面积增加;1990—2000年草地和裸地向水体转移面积远小于水体向二者转移,受自然因素与人类活动影响,此时段内气候暖干化明显,温度升高大大增加了水面蒸散量,同时草地大量转为耕地使得区域内原有生态环境遭到破坏,土地沙化进一步加剧了水土流失,从而导致水体、草地和湿地面积减少,而裸地面积则大幅度增加;2000—2005年,随着耕地大量转移为草地,生态环境逐渐好转,草地面积大幅度增加。2005年1月,国务院批准实施《青海三江源自然保护区生态保护和建设总体规划》,加强了QH内生态整治工作。至2010年受湖泊补给量远大于消耗量等因素影响,水体和湿地面积逐步回增。

（2）哈拉湖湖区。

哈拉湖为青海省内仅次于青海湖面积的封闭式内流湖泊,对自然环境变化的响应更加敏感,其补给依赖于冰川融水和大气降水,水面蒸发为其主要的水体损耗方式。研究期内湖区草地和裸地向水体转移的面积远大于水体转移为草地和裸地的面积且转移面积差逐年增大,水体呈先萎缩再扩张趋势,同此地气候由寒冷转为温暖湿润(1998年为分割点)的变化趋势一致。

（3）扎陵湖和鄂陵湖湖区。

扎陵湖和鄂陵湖作为黄河源头区域中两个面积最大的淡水过水湖,素被称为"姊妹湖"。但自20世纪60年代开始,三江源地区平均每10年温度提高0.33℃,20世纪90年代两湖之间多次出现断流情况,断流时间甚至长达半年。气候的暖干化导致温度升高、湖面蒸散加剧和降水减少,从而引起水体向裸地和草地转化;同时,也会加快冰川和冻土融化,引起湖面上涨或湖面向外扩张,从而覆盖草地和裸地,导致土地利用类型发生变化。

（4）乌兰乌拉湖湖区。

乌兰乌拉湖位于可可西里自然保护区南部核心地区,险峻的地理环境和严酷的气候使其受人类活动的影响较小,故其主要受自然因素(气温、降水等)影响。通过上述研究结果可以发现,研究期内WL水体波动范围大且已成为湖区内仅次于草地的土地利用类型。1985—1995年水体面积先减后增,1995年后水体面积持续增加,草地和裸地转化为水体的面积远超水体向其他土地利用类型转化。WL年均降水量的增加和年均气温的升高使得水体面积大幅度增加。

青海省因其复杂的环境和地理情况,人口分布受到极大的限制。耕地作为青海省重点湖泊水域中主要受人类活动掌控的土地利用类型,在ZE、WL和HL三湖区表现出相似特征,QH则有所不同。

①ZE、WL和HL三湖区:1985年,三湖区内均有微量耕地存在,其占比分别为0.006%、0.000 1%和0.000 02%。推测湖区内仍有耕地的原因,可能是由于青海省畜牧业广泛存在,人们为了满足生活需求,会在牧场周围进行耕种。1985—1990年,ZE和WL两湖区内耕地面积均呈递减趋势,这种趋势可能是由于我国经济发展,导致人口向外流动,从而减少了这些地区的农业活动。而HL耕地面积有明显增长,可能是由于畜牧业发展,吸引更多牧区人口聚集进而推动了周边耕地扩张。1990—1995年,受全国耕地保护倡议影响,ZE和WL耕地面积小幅度回增或保持平稳,HL受经济等不可逆因素影响,耕地面积减少;1995—2000年受多方因素影响,ZE和WL两湖区耕地面积减少为0,而HL耕地面积则呈增加趋势;2005年HL耕地面积也降为0。总体来讲,ZE和WL两湖区耕地面积变化基本相同,而HL除1985—1990年耕地面积增加外,其余时期均和ZE、WL的变化规律相同。随着我国经济快速发展,人口迁移和产业转型加速,距离人口聚集地较远且地理环境和气候条件艰苦的ZE、WL和HL三湖区耕地面积分别于2000年、2000年和2005年彻底减少为0。

②QH:QH地处青海省东北部,是省内重点农业区,且相较上述三个湖区,QH的地理环境和气候条件较好,人口分布较密,周围城镇经济发展较快。1985—2000年,随着人口向青海省东部聚集,QH耕地面积整体波动性增强;耕地面积在2000年急速减少后维持稳定。从土地利用转移矩阵可知,QH耕地主要转为草地、水体和湿地,同时草地也大量转移为水体,使其整体上表现为耕地数量大幅度减少、草地面积基本保持稳定和水体面积稳步增加。这与1999年青海省政府正式启动生态退耕工作密切相关;同时,随着耕地保护政策在全国范围内的推行,QH有小部分耕地被保留下来。

5.1.4 小结

(1)1985—2020年青海省重点湖泊水域主要土地利用/覆盖类型为草地、水体和裸地,耕地、雪/冰、林地、湿地占比微小且呈零星分布。其中,草地的整体面积变化基本平稳,裸地面积逐年减少,水体面积逐年递增。湿地和林地为青海湖湖泊水域独有的(五大重点湖泊区域内)土地利用类型,湿地面积随水体面积增加而增加,林地面积则上下浮动变化。到2020年,扎陵湖和鄂陵湖、乌兰乌拉湖和哈拉湖湖泊水域范围内耕地面积已全部归零,青海湖湖泊水域因其地理位置、气候条件和经济政策发展等因素保留了部分耕地。

(2)1985—2020年青海省重点湖泊水域土地利用转移变化主要发生在草地、裸地和水体之间。扎陵湖和鄂陵湖湖区、乌兰乌拉湖湖区、哈拉湖湖区和青海湖湖区水体净转移量变换的分界点各不相同,水体净转移量为负时,主要表现为水体向草地和裸地转移。在转移变换分界点后水体净转移量逐年增大(大部分来自草地和裸地),生态治理成效十分显著。扎陵湖和鄂陵湖、乌兰乌拉湖和哈拉湖湖泊水域内耕地面积分别在2000年、2000年和2005年衰减为0;青海湖湖泊水域耕地面积在1985—2000年随着人口向东部聚集,整体波动性增强,在2000年急速减少后保持稳定。从土地利用转移矩阵可知,青海湖湖泊水域耕地主要转为草地、水体和湿地,同时草地也大量转移为水体,使其整体上表现为耕地面积大幅度减少,草地面积基本保持稳定,水体面积稳步增加。

5.2 ‖ 青海省重点湖泊面积与积雪的响应关系

5.2.1 积雪覆盖率(SCF)变化特征分析

2000—2022年青海省重点湖泊水域积雪覆盖率整体呈递增趋势,最高值出现在2019年,最低值则大多出现在2000年左右或2010年左右。ZE和QH因地理空间位置上较为接近,秉承着"越近越相似"的地理准则,二者的SCF变化有一定相似程度。

(1)青海湖湖区。

由研究结果(图5.1)可知,湖区内SCF年际差异显著,最低值出现在2001年为3.86%,最高值出现在2019年为10.52%。整体变化趋势可分为三个阶段:2000—2004年,SCF两次呈现"先减后增"的变化趋势且浮动变化剧烈;2004—2010年,SCF整体呈现减小趋势且于2010年达到这一时段的最小值;2010—2020年,SCF呈周期性波动上升的趋势。

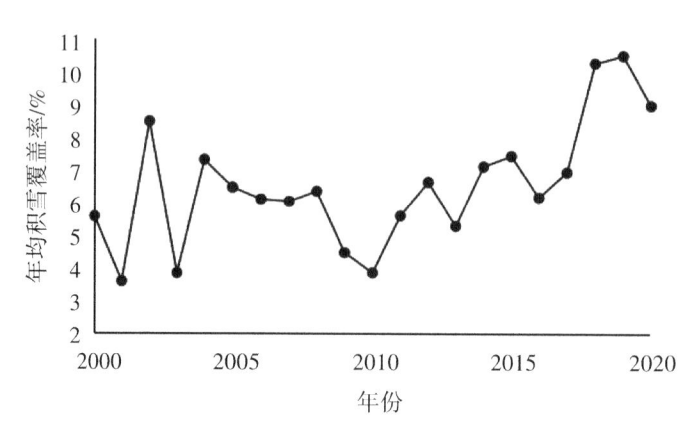

图 5.1　2000—2020 年青海湖湖区年均积雪覆盖率

(2)哈拉湖湖区。

由研究结果(图 5.2)可知,湖区内 SCF 年际变化明显。SCF 在 2012 年达最低值 15.78%,在 2019 年达最高值 39.81%;趋势线走向总体呈波动上升的变化状态。

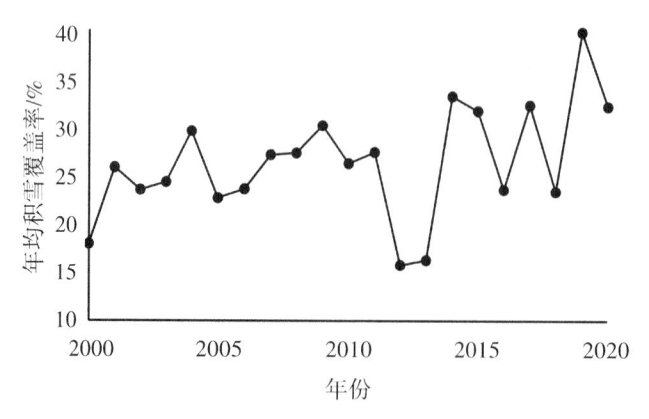

图 5.2　2000—2020 年哈拉湖湖区年均积雪覆盖率

(3)扎陵湖和鄂陵湖湖区。

由研究结果(图5.3)可知,湖区内SCF年际差异显著。最低值为2003年的11.74%,最高值为2019年的30.97%;趋势线在2001、2005、2008、2012和2019年共有5个明显的区间峰值点,各点的SCF分别为18.62%、17.86%、26.77%、22.98%和30.97%;整体呈波动上升的变化趋势。

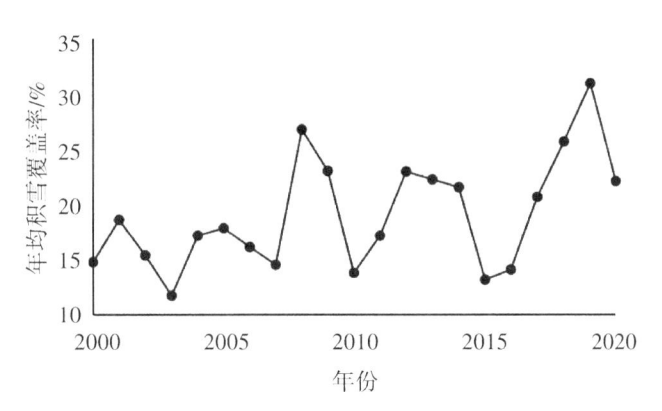

图5.3 2000—2020年扎陵湖和鄂陵湖湖区年均积雪覆盖率

(4)乌兰乌拉湖区。

由研究结果(图5.4)可知,湖区内SCF最低值为2000年的21.17%,最高值为2019年的38.65%。SCF自2000年开始逐年增加,2002年突增为28.51%,2003年骤减为22.17%,2004年至2014年始终维持在29%以上。2015年,SCF为2004年以来的最低值,为24.09%,后快速增加,于2019年达到峰值,为38.65%。

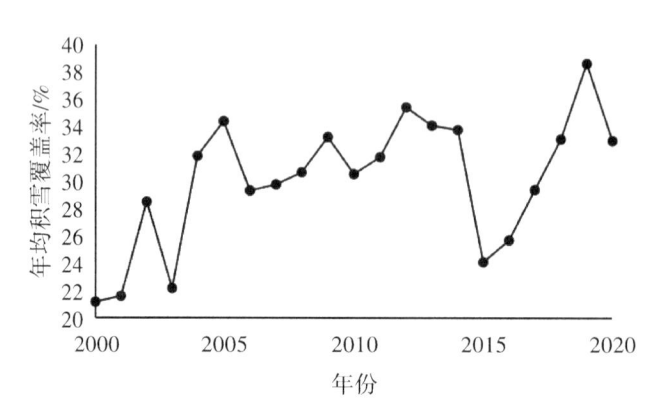

图5.4　2000—2020年乌兰乌拉湖湖区年均积雪覆盖率

5.2.2 积雪天数(SCD)变化特征分析

（1）青海湖湖区。

由研究结果可知，2000—2020年QH的SCD主要集中在12～45 d，SCD无明显天数改变和分布变化。2001—2002年全域SCD增加；2004—2005年、2013—2014年、2015—2017年和2018—2020年SCD以西部向湖体扩张或从东南方向水体靠近为主，且SCD主要集中在60~112 d。QH的SCD整体稳定，无明显浮动和因素干扰迹象。(彩图6)

（2）哈拉湖湖区。

由研究结果可知，2000—2020年HL的SCD主要集中在13～70 d，SCD变化稳定且规律较为明显。研究期内SCD一直由东向西蔓延，其中HL东北角为SCD≥200 d的主要聚集地。(彩图7)

(3)扎陵湖和鄂陵湖湖区。

由研究结果可知,2000—2020年ZE的SCD主要集中在11~50 d。2000—2008年SCD长短变化和空间分布较稳定;2001—2002年、2004—2005年、2008—2009年、2009—2010年、2011—2012年、2013—2015年、2017—2020年共7个时段ZE区域内SCD较长且空间覆盖广,这7个时段扎陵湖西南角均出现向湖体侵蚀的SCD变化,且SCD≥160 d的地区多呈临近水体积聚分布和呈"小斑块"状零散分布;对于SCD更广的2013—2014和2018—2019两时段,可观察到SCD有从东南向西北扩散的趋势。(彩图8)

(4)乌兰乌拉湖湖区。

由研究结果可知,2000—2020年WL的SCD主要集中在14~50 d;临近陆地的水体易受积雪覆盖影响且有向中心扩散发展的趋势。2000—2012年SCD变化较平稳;2008—2009年SCD集中在100~130 d的像元呈竖直条带状分布,同时,只有分散的小范围内存在SCD≥160 d,年际变化较小的地理位置也近乎重合;2012—2020年期间,2013—2014年、2018—2019年和2019—2020年三个时段SCD变化明显,除有上述描述特点外,WL北部SCD时长明显增加,其中2013—2014年东北方向SCD由水体区域向外扩散,2018—2020年呈连续变化,以西北方向为始,逐步向东迁移。(彩图9)

5.2.3 积雪变化对青海省湖区的影响

四大湖区中,ZE、WL和HL三者SCF较高,均在10%之上且SCD较长,QH相对其他三个湖区SCF较低和SCD较短。四个湖区SCF均在2019年达到最大值。

(1)青海湖湖区。

QH为四大湖区中地理环境和气候条件相对适宜且受人类活动影响较大的地区,其SCF和SCD对湖区的影响均相对较小。湖区温度的升高和降水量的缓慢增加将影响SCF和SCD的分布。2000—2020年QH的SCD无明显天数和分布变化;2001—2002年全域SCD增加;2004—2005年、2013—2014年、2015—2017年和2018—2020年SCD以西部向湖体扩张或从东南向水体靠近为主。湖区内SCF变化差异明显,趋势线整体变化分为三部分。2000—2004年,SCF两次出现"先减后增"的变化趋势且浮动变化剧烈;2004—2010年,SCF总体为递减趋势且于2010年达到这一时段内的最低值;2010—2020年,SCF在该时段内呈周期性波动上升趋势,数值总体增加。

(2)哈拉湖湖区。

该湖区相较其他湖区纬度较高,SCF变化明显。SCF在2012年达最低值,而在2019年达最高值;这一变化在趋势线上呈波动变化状态。湖区盛行西风且哈拉湖东部的构造特征呈"两凹一隆",往东地层逐渐抬升。湖区东部比西部温度微有升高,使得湖区西部的气候条件相对东部更有利于保存积雪,研究期内SCD一直由东向西蔓延,其中HL东北角为SCD≥200 d的主要聚集地。

(3)扎陵湖和鄂陵湖湖区。

湖区内SCF年际差异显著且变化波动较大,整体呈波动上升的变化趋势。SCD长短与SCF具有一定相关性。扎陵湖西南角为黄河入湖口处,此处总是发生向湖体侵蚀的SCD变化,且SCD≥160 d的地区多呈临近水体积聚分布和呈"小斑块"状零散分布。2019—2020年SCF和SCD均出现显著变化,2019年的SCF为研究期内的最大值,而这一时段的SCD综合覆盖时间最长,覆盖面积最广。探究发现,2019年,玉树藏族自治州内杂多、称多和曲麻莱三县遭受严重雪灾,降水累计19.4 mm。ZE临近称多县,因此受严重影响,该湖区的降水与积雪日数呈正相关,连续降雪使得温度降低,同时延长了积雪覆盖的时间。

(4)乌兰乌拉湖湖区(WL)。

湖区2000—2014年SCF高低变化浮动明显,2015年后趋于稳定增长;2000—2012年SCD变化较平稳。年降水量和年均温度的变化导致该地区环境响应敏感。其中,2013—2014年、2018—2019年和2019—2020年三个时段的SCF和SCD均变化明显。因地形结构,湖区北部SCD明显增加,2013—2014年东北方向SCD由水体区域向外扩散。2018—

2020年SCF先升后降变化显著,SCD呈连续变化,以西北方向为始,逐步向东迁移。

5.2.4 小结

(1)2000—2020年青海省重点湖泊水域积雪覆盖率呈周期增减变化,但整体呈递增趋势发展,积雪覆盖率易受湖区地理环境、气候条件等因素影响,温度和降水的影响最大。四大湖区中扎陵湖和鄂陵湖湖区、乌兰乌拉湖湖区、哈拉湖湖区和青海湖湖区湖泊水域积雪覆盖率区间分别为11.74%~30.97%、21.17%~38.65%、15.78%~39.81%和3.86%~10.52%,且均在2019年达到最大值。青海湖湖区湖泊水域作为四大湖区中地理环境和气候条件相对适宜且受人类活动影响较大的区域,其积雪覆盖率表现对湖区影响相对较小。湖区内积雪覆盖率变化差异明显,趋势线整体变化分为三部分:2000—2004年,积雪覆盖率两次呈现"先减后增"的变化趋势且浮动变化剧烈;2004—2010年,积雪覆盖率总体为递减趋势且于2010年达到这一时段的最低值;2010—2020年,积雪覆盖率在该时段内呈周期性变化且整体数值不断增加。哈拉湖湖区相较其他湖区纬度较高,积雪覆盖率变化明显,趋势线走向呈"先增后减"的波动变化状态。扎陵湖和鄂陵湖湖区湖泊水域内积雪覆盖率年际差异显著且变化波动较大,整体"先增后减"波动变化。乌兰乌拉湖湖区湖泊水域积雪覆盖率2000—2014年高低变化浮动明显,2014年后大部分时期趋于稳定增长。

（2）2000—2020年青海省重点湖泊水域积雪天数变化有各自的规律，但整体上又受相同区域因素影响，出现一些相似变化。青海湖湖泊水域为高原大陆性气候，光照充足且日照时间长。该湖区2000—2020年积雪天数无明显改变和分布变化；2001—2002年全域积雪天数增加；2004—2005年、2013—2014年、2015—2017年和2018—2020年积雪天数主要从西部向湖体扩张或从东南向水体靠。哈拉湖湖区相较其他湖区纬度较高，湖区盛行西风且哈拉湖东部的构造特征呈"两凹一隆"，往东地层逐渐抬升，东部比西部温度微有升高致使其气候条件更易保存积雪，研究期内积雪天数分布一直由东向西蔓延，其中东北角为积雪天数≥200 d的主要聚集地。扎陵湖和鄂陵湖湖区，扎陵湖西南角为黄河入湖口处，总是发生向湖体侵蚀的积雪天数变化，且积雪天数≥160 d的地区多呈临近水体积聚分布和呈"小斑块"状零散分布。该湖区2018—2019年积雪天数发生显著改变，为综合覆盖时间最长、面积最广的时段。乌兰乌拉湖湖区在2000—2014年和2018—2020年积雪天数变化较平稳；因地形结构，湖区北部积雪天数明显增加，2013—2014年东北方向积雪天数由水体区域向外扩散；2018—2020年，积雪天数呈连续变化，以西北方向为始，逐步向东迁移。

5.3 ┃ 青海省重点湖泊面积与水文变量的响应关系

Mann-Kendall(M-K)分析法是一种用于检验时间序列趋势变化的有效方法。在突变检验中,UF代表着正序列的趋势统计量。当UF＞0时,表示时间序列呈现上升趋势;当UF=0时,表示时间序列没有明显的趋势;当UF＜0时,表示时间序列呈现下降趋势。UB代表了逆序列的趋势统计量,UF和UB的交点被认为是可能的突变点,候选位置。

5.3.1 青海湖面积和区域蒸散发的时间变化特征

本节使用M-K分析法对青海湖四季的湖面面积(AREA)、区域蒸散发(ET)进行时间演变过程和突变分析。

图5.5显示了1986—2022年春季青海湖面积的变化趋势、青海湖面积的M-K突变分析结果、青海湖湖泊蒸散发的变化趋势和青海湖湖泊蒸散发的M-K突变分析结果。

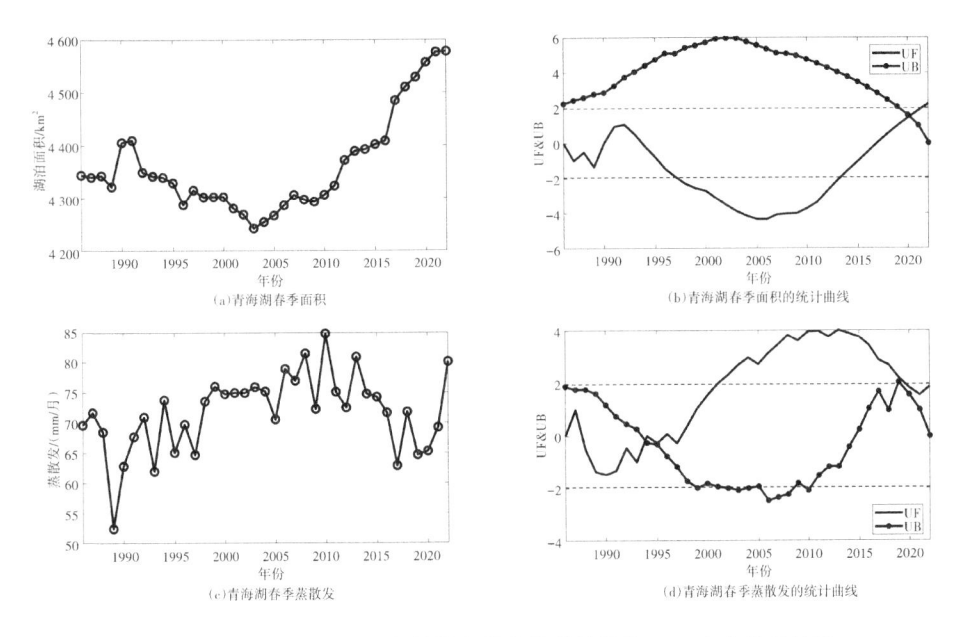

图 5.5　春季青海湖面积和蒸散发的变化趋势及其 M-K 突变分析结果

从湖面面积随时间的演变趋势可以得到，1986—1989 年春季的青海湖面积呈现波动下降的趋势，于 1990 年开始呈现小幅度上升，之后迅速下降，到 2003 年出现了最低值，而后又波动上升。图 5.5(b)中的 UF 值于 1986—1989 年为负值，于 1990—1993 年为正值，之后于 1994—2016 年为负值，2017—2022 年为正值。UF 值在 1997—2013 年超过了下临界值，表明春季的青海湖的湖面面积于 1994—1996 年、2014—2016 年之间的变化趋势并不显著，而在 1997—2013 年之间呈现出了显著的下降趋势。UF 和 UB 统计曲线的交点出现在 2020 年，表明春季青海湖面积在当年发生突变。

从湖泊蒸散发随时间的演变趋势可以得到，1987—1989 年春季青海湖湖泊蒸散发呈现下降的趋势，之后至2010年呈波动上升，然后波动下降，至2017年达到较小值，后波动上升。图5.5(d)中的UF值于1988—1997年为负值，1998—2022年为正值，且在2002—2019年间超过了上临界值，这表明春季的青海湖湖泊蒸散发于1988—2001年、2020—2022年之间的变化趋势并不显著，而在2002—2019年之间呈现出了显著的上升趋势。UF和UB统计曲线的交叉区域出现在1994—1995年间，表明春季青海湖湖泊蒸散发在这两年期间发生突变。

图5.6显示了1986—2022年夏季青海湖面积的变化趋势、青海湖面积的M-K突变分析结果、青海湖湖泊蒸散发变化趋势和青海湖湖泊蒸散发的M-K突变分析结果。

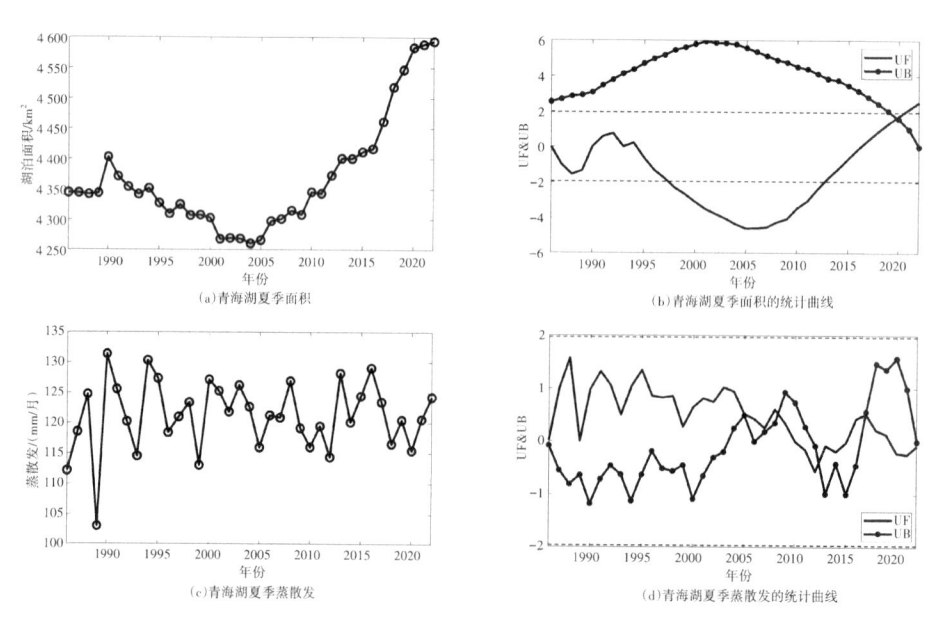

图5.6 夏季青海湖面积和蒸散发的变化趋势及其M-K突变分析结果

从湖面面积随时间的演变趋势可以得到,1986—1989年夏季的青海湖面积呈现下降的趋势,于1990年出现较大值,面积达到4 402.42 km²,之后波动下降,于2004年达到最小值,随后波动上升到2022年。图5.6(b)中的UF值于1986—1989年为负值,于1990—1994年为正值,之后于1995—2016年为负值,于2017—2022年为正值。UF值于1998—2012年和2021年以后分别超过了下临界值和上临界值,表明夏季的青海湖的湖面面积于1995—1997年、2013—2016年之间的变化趋势并不显著,而在1998—2012年之间呈现出了显著的下降趋势。此外,夏季青海湖的湖面面积于2017—2020年之间的上升趋势也并不显著,而在2021—2022年之间呈现出了显著的上升趋势。UF和UB统计曲线的交点出现在2020年前后,表明夏季青海湖面积在那时发生突变。

从湖泊蒸散发随时间的演变趋势可以得到,1986—2022年夏季青海湖湖泊蒸散发呈现波动变化的趋势。图5.6(d)中的UF值于1986—2010年为正值,之后至2015年为负值,2016年后出现了短暂的正值,之后又转变为负值直至2022年。整个研究时间段UF一直在临界值区域内,这表明夏季青海湖湖泊蒸散发的变化趋势并不显著。UF和UB统计曲线的交点出现在2005年、2008—2009年间、2012—2013年间和2017年前后,表明夏季青海湖湖泊蒸散发在这几年发生突变。

图5.7显示了1986—2022年秋季青海湖面积的变化趋势、青海湖面积的M-K突变分析结果、青海湖湖泊蒸散发的变化趋势和青海湖湖泊蒸散发的M-K突变分析结果。

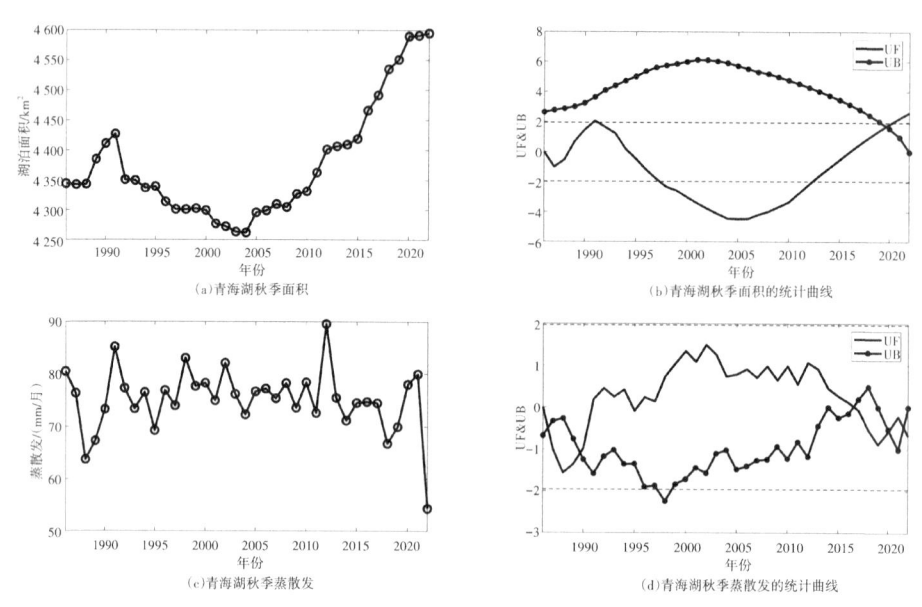

图5.7 秋季青海湖面积和蒸散发的变化趋势及其M-K突变分析结果

从湖面面积随时间的演变趋势可以得到,1988—1991年秋季的青海湖面积呈现上升的趋势,1991年出现较大值后开始下降,于2004年达到面积最小值,此后持续上升至2022年。图5.7(b)中的UF值于1986—1988年为负值,于1989—1994年为正值,之后于1995—2015年为负值,于2016—2022年为正值。UF值于1998—2012年超过了下临界值,这表明秋季青海湖的湖面面积于1995—1997年,2013—2015年之间的下降趋势并不显著,在1998—2012年之间呈现出了显著的下降趋势;此外,UF值于2021年以后超过了上临界值,表明秋季青海湖的湖面面积在2016—2020年之间的上升趋势并不显著,而在2021—2022年之间呈现出了显著的上升趋势。UF和UB统计曲线的交点出现在2020年附近,表明秋季青海湖面积在当年发生突变。

从湖泊蒸散发随时间的演变趋势可以得到,1986—1988年秋季青海湖湖泊蒸散发呈明显下降的趋势,于1989—2014年呈波动变化,2015—2017年变化趋势趋于平衡,2018年达较小值后短暂上升,于2022年达最小值。图5.7(d)中的UF值于1986—1991年为负值,之后至2016年为正值,2017—2022年为负值。整个时间段UF值均处在临界值区域内,表明秋季青海湖湖泊蒸散发的变化趋势并不显著。UF和UB统计曲线的交点出现在1986—1987年间、1989—1990年间、2016—2017年间、2020—2021年间,表明秋季青海湖湖泊蒸散发在这几年发生突变。

图5.8显示了1986—2022年冬季青海湖面积的变化趋势、青海湖面积的M-K突变分析结果、青海湖湖泊蒸散发的变化趋势和青海湖湖泊蒸散发的M-K突变分析结果。

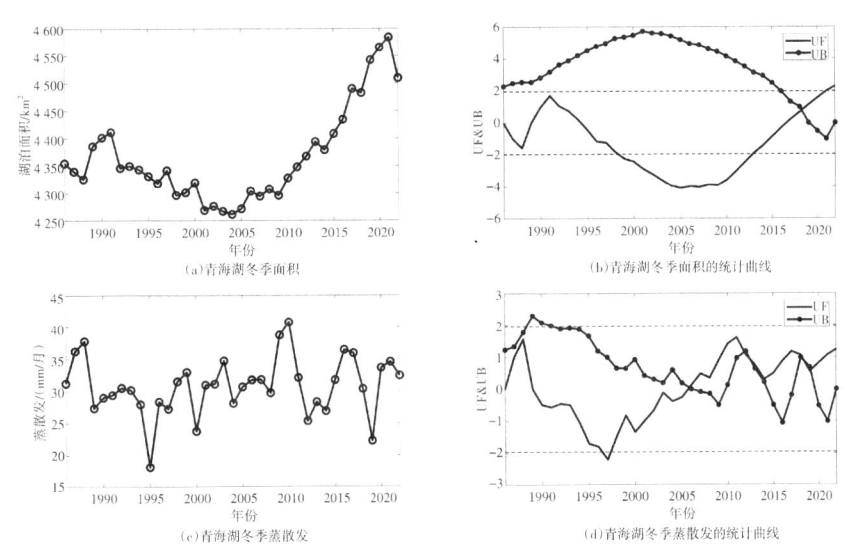

图5.8 冬季青海湖面积和蒸散发的变化趋势及其M-K突变分析结果

从湖面面积随时间的演变趋势可以得到,1986—1988年冬季的青海湖面积呈现下降趋势,1989—1991年呈现小幅度上升的趋势,随后迅速波动降低至2004年的最小面积后,波动上升至2021年的最大面积。图5.8(b)中的UF值于1986—1988年为负值,1989—1994年为正值,1995—2016年为负值,此后为正值。其中1999—2012年超过了下临界值,这表明冬季的青海湖的湖面面积于1995—1998年、2013—2016年之间的变化趋势并不显著,而在1999—2012年之间呈现出了显著的下降趋势。UF和UB统计曲线的交点出现在2018—2019年间,表明冬季青海湖面积在此期间发生突变。

从湖泊蒸散发随时间的演变趋势可以得到,1986—1990年冬季青海湖湖泊蒸散发先上升,然后下降至1995年最小值,此后整体呈波动上升趋势。图5.8(d)中的UF值于1990—2005年为负值,其他时间段为正值,表明冬季青海湖湖泊蒸散发呈现增加—减少—增加的变化趋势,整个时间段湖泊蒸散发均在临界值区域内,表明冬季青海湖湖泊蒸散发的变化趋势并不显著。UF和UB统计曲线的交点出现在2006年附近、2011—2014年间、2018—2019年间,表明冬季青海湖湖泊蒸散发在这几个时间段内发生突变。

5.3.2 哈拉湖面积和区域蒸散发的时间变化特征

本节使用M-K分析法对哈拉湖四季的湖面面积(AREA)、区域蒸散发(ET)进行时间演变过程和突变分析。

图5.9显示了1986—2022年春季哈拉湖面积的变化趋势、哈拉湖面积的M-K突变分析结果、哈拉湖湖泊蒸散发的变化趋势和哈拉湖湖泊蒸散发的M-K突变分析结果。

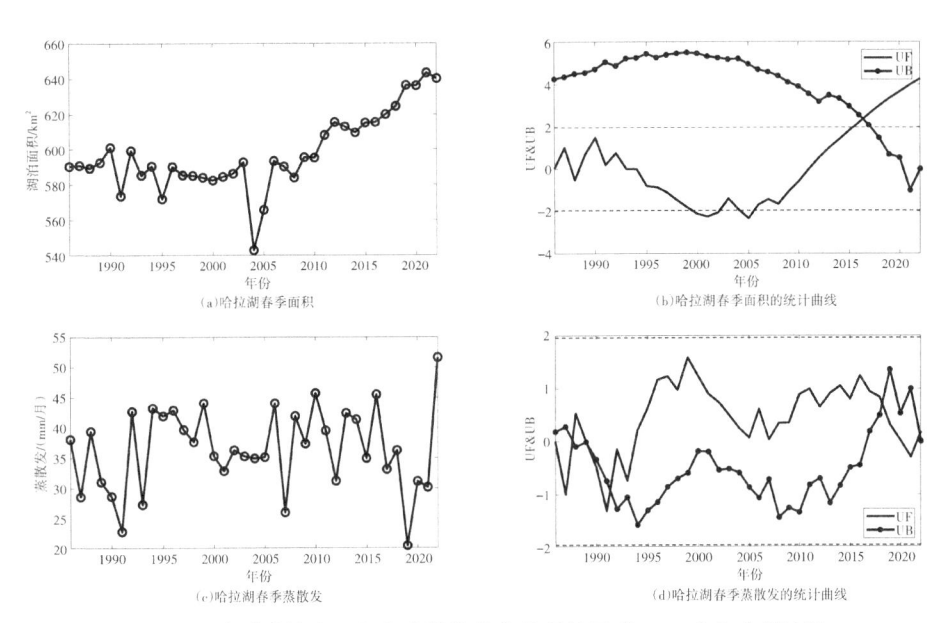

图5.9 春季哈拉湖面积和蒸散发的变化趋势及其M-K突变分析结果

从湖面面积随时间的演变趋势可以得到，1986—2022年春季哈拉湖面积呈现先波动下降再波动上升的趋势，其中，2003—2004年出现急速下降的变化过程，2004—2006年出现急速上升的变化过程。图5.9(b)中的UF值于1989—1993年主要为正值，1994—2011年为负值，2012—2022为正值。UF值于2000—2002年和2005年超过了下临界值，表明春季哈拉湖湖泊面积于1994—1999年、2003—2004年和2006—2011年间的下降趋势并不显著，而在2000—2002年和2005年呈现出了显著的下降趋势。此外,UF 值于 2016—2022 年超过了上临界值,这表明春季哈拉湖湖泊面积于 2012—2015 年的变化趋势并不显著,而在 2016—2022 年之间呈现出了显著的上升趋势。UF 和 UB 统计曲线的交点出现在 2016—2017 年间,表明春季哈拉湖湖泊面积在此期间发生突变。

从湖泊蒸散发随时间的演变趋势可以得到,春季哈拉湖湖泊蒸散发于 1986—2022 年波动上升和下降的趋势不明显。图 5.9(d) 中的 UF 值于 1986—1993 年为负值(除了 1988 年),于 1994—2022 年为正值(除了 2021 年)。UF 值在整个时间序列内并未超过临界值,因此,春季哈拉湖湖泊蒸散发上升和下降的变化趋势并不显著。UF 和 UB 统计曲线的交点出现在 1987—1992 年间、2018—2019 年间和 2021—2022 年间,表明春季哈拉湖湖泊蒸散发在这些时间段内发生突变。

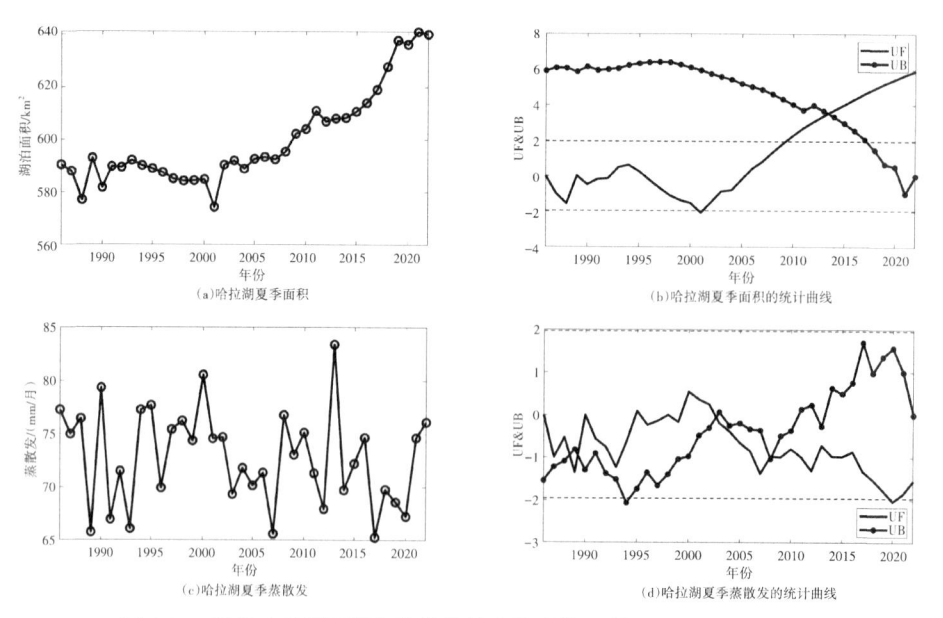

(a) 哈拉湖夏季面积

(b) 哈拉湖夏季面积的统计曲线

(c) 哈拉湖夏季蒸散发

(d) 哈拉湖夏季蒸散发的统计曲线

图 5.10　夏季哈拉湖面积和蒸散发的变化趋势及其 M-K 突变分析结果

图 5.10 显示了 1986—2022 年夏季哈拉湖面积的变化趋势、哈拉湖面积的 M-K 突变分析结果、哈拉湖湖泊蒸散发的变化趋势和哈拉湖湖泊蒸散发的 M-K 突变分析结果。

从湖面面积随时间的演变趋势可以得到,夏季哈拉湖面积呈现出先波动再缓慢下降后逐渐上升的变化特征,在 2001 年出现了研究期内最小值。图 5.10(b) 中的 UF 值于 1987—1992 年为负值,1993—1995 年为正值,1996—2005 年为负值,此后至 2022 年为正值。UF 值于 2010—2022 年超过了上临界值,表明哈拉湖的湖面面积于该时间段显著增大。UF 和 UB 统计曲线的交点出现在 2013—2014 年间,表明夏季哈拉湖面积在此期间发生突变。

从湖泊蒸散发随时间的演变趋势可以得到,夏季哈拉湖湖泊蒸散发在 1986—2022 年期间总体呈现波动变化,无明显上升或下降的趋势。图 5.10(d) 中的 UF 值于 1986—2022 年间的大部分年份为负值,只在 2000—2002 年期间短暂为正值,并且均未超过临界值,表明整个研究时期湖泊蒸散发总体呈下降的趋势,但是下降的趋势并不显著。UF 和 UB 统计曲线的交点出现在 1988—1990 年间、2002—2003 年间、2008 年,表明夏季哈拉湖湖泊蒸散发在这几个时间段发生突变。

图 5.11 显示了 1986—2022 年秋季哈拉湖面积的变化趋势、哈拉湖面积的 M-K 突变分析结果、哈拉湖湖泊蒸散发的变化趋势和哈拉湖湖泊蒸散发的 M-K 突变分析结果。

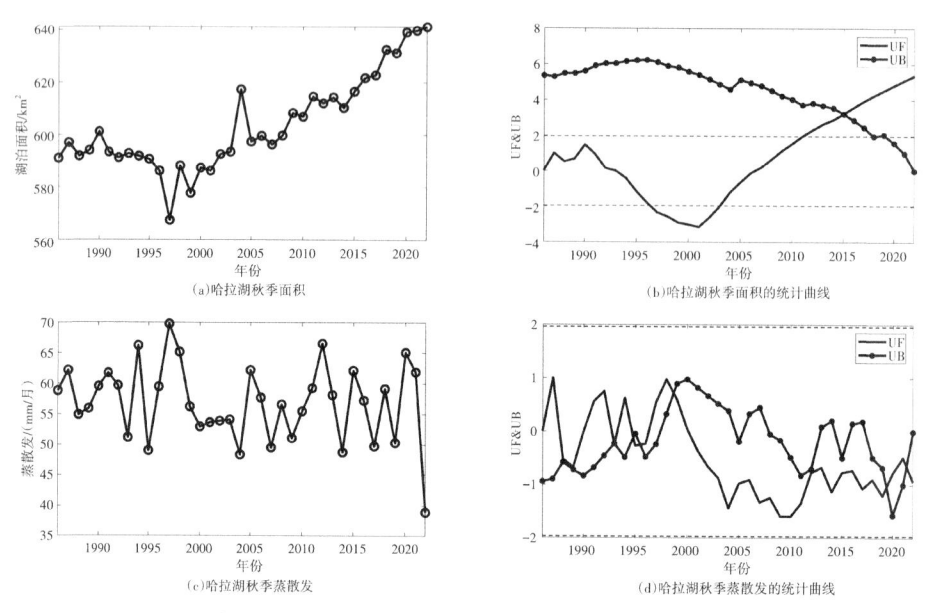

图 5.11 秋季哈拉湖面积和蒸散发的变化趋势及其 M-K 突变分析结果

从湖面面积随时间的演变趋势可以得到,1986—2022 年秋季的哈拉湖面积呈现出先波动下降后波动上升的变化趋势,在 1997 年和 2004 年分别出现了极小值和极大值的情况。图 5.11(b)中的 UF 值于 1986—1993 年为正值,于 1994—2006 年为负值,于 2007—2022 年为正值。UF 值分别于 1997—2003 年和 2011—2022 年超过了下临界值和上临界值,表明秋季哈拉湖湖泊面积在 1997—2003 年之间呈现出了显著的下降趋势,并于 2011—2022 年之间呈现出了显著的上升趋势。UF 和 UB 统计曲线的交点出现在 2015 年,表明秋季哈拉湖面积在当年发生突变。

从湖泊蒸散发随时间的演变趋势可以得到,秋季哈拉湖蒸散发整体呈上下波动的变化趋势,最大值出现在 1997 年。图 5.11(d)的 UF 值于

1986—2022年间的大多数年份为负值,2000年前有部分年份短暂为正值;整个研究期内的UF值均在临界值范围以内,表明秋季哈拉湖湖泊蒸散发的变化趋势并不显著。UF和UB统计曲线的交点出现在1988—1989年间、1993—1996年间、1998—1999年间、2012年和2019—2022年间,表明秋季哈拉湖湖泊蒸散发在这期间发生突变。

图5.12显示了1986—2022年冬季哈拉湖面积的变化趋势、哈拉湖面积的M-K突变分析结果、哈拉湖湖泊蒸散发的变化趋势和哈拉湖湖泊蒸散发的M-K突变分析结果。

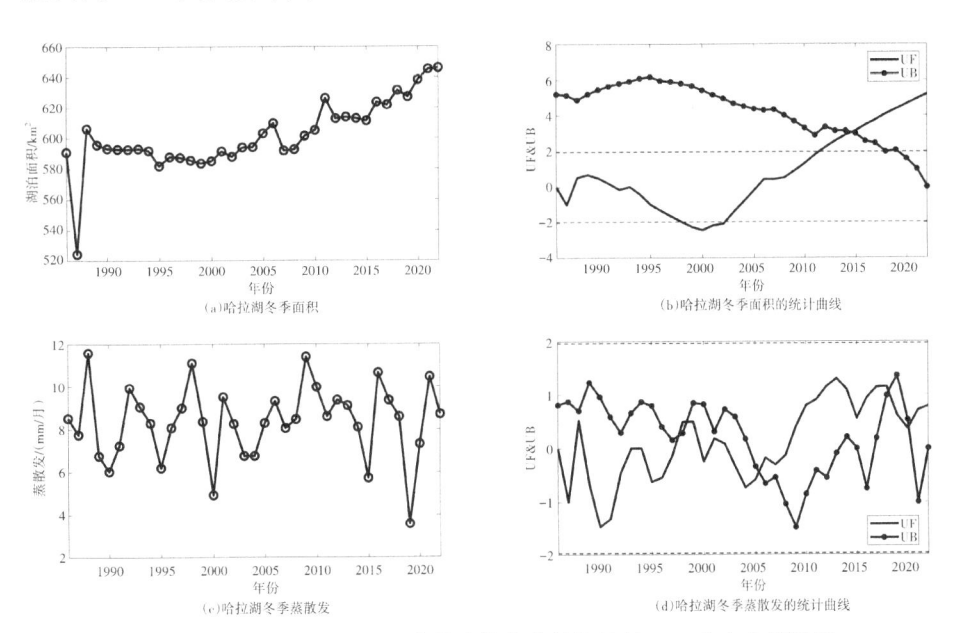

图5.12 冬季哈拉湖面积和蒸散发的变化趋势及其M-K突变分析结果

从湖面面积随时间的演变趋势可以得到，1986—1988年冬季哈拉湖面积总体呈现出先下降后上升的趋势，并于1987年出现最小值。图5.12(b)中的UF值于1986—1987年为负值，1988—1991年为正值，1992—2005年为负值，2006—2022年为正值。UF值于2012年超过了上临界值，表明冬季哈拉湖湖泊面积于2006—2011年的变化趋势并不显著，而在2012—2022年之间呈现出了显著的上升趋势。UF和UB统计曲线的交点出现在2014—2015年间，表明冬季哈拉湖面积在此期间发生突变。

从湖泊蒸散发随时间的演变趋势可以得到，湖泊蒸散发整体呈波动变化。图5.12(d)的UF值于1986—2008年间大多数年份为负值（除了少数年份，如1988年），此后直至2022年均为正值。UF值在1986—2022年一直在临界值区域内，表明冬季哈拉湖湖泊蒸散发的变化趋势并不显著。UF和UB统计曲线的交点出现在1997—1999年间、2005—2006年间、2018—2021年间，表明冬季哈拉湖湖泊蒸散发在这期间发生突变。

5.3.3 鄂陵湖面积和区域蒸散发的时间变化特征

本节使用M-K分析法对夏季鄂陵湖的湖面面积(AREA)、区域蒸散发(ET)进行时间演变过程和突变分析。

图5.13显示了1986—2022年夏季鄂陵湖面积的变化趋势和M-K突变分析结果，夏季鄂陵湖湖泊蒸散发的变化趋势和M-K突变分析结果。

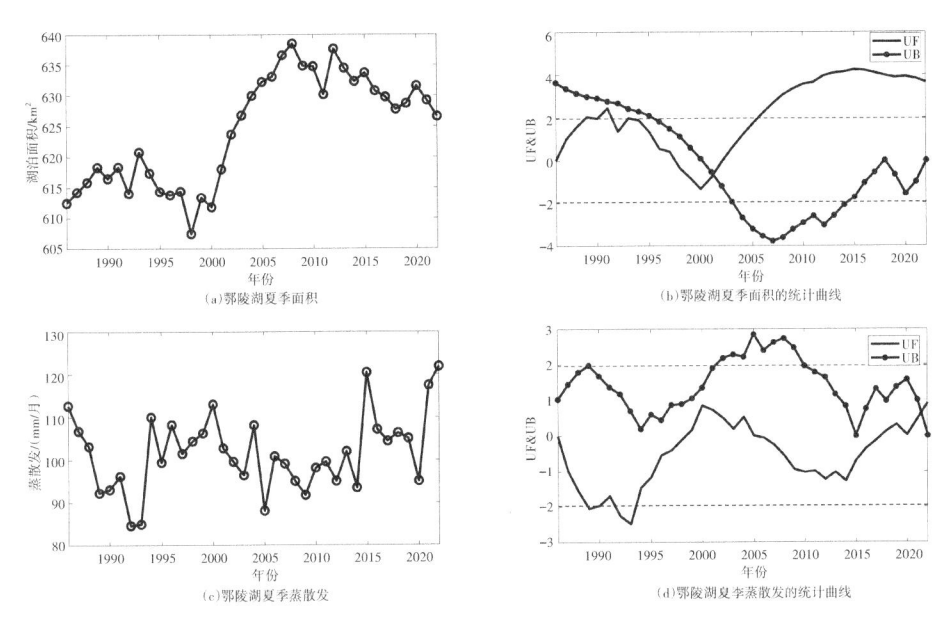

图 5.13 夏季鄂陵湖面积和蒸散发的变化趋势及其 M-K 突变分析结果

从湖面面积随时间的演变趋势来看,其整体呈现出先波动上升,再波动下降,后急速上升,最后趋于稳定的变化趋势。从图 5.13(b)可以得到,UF 值于 1986—1997 年为正值,1998—2002 为负值,2002 年以后为正值。表明 1986—1997 年夏季鄂陵湖的面积呈上升的趋势,1998—2001 年开始下降,之后于 2001—2022 年又呈上升趋势,整体呈上升—下降—上升的变化趋势。UF 值于 2005 年之后超过了上临界值,表明夏季鄂陵湖的湖面面积于 2005 年以前的变化趋势并不显著,而在 2005 以后呈现出了显著的上升趋势。UF 和 UB 统计曲线的交点出现在 2001—2002 年间,表明夏季鄂陵湖面积在此期间发生突变。

湖泊蒸散发随时间的演变趋势整体呈现出上下波动的变化趋势。图 5.13(d)的 UF 值于 1986—1998 年为负值,1999—2005 年为正值,

2006—2017年为负值,2018—2022年为正值。UF值于1989和1992—1993年超过了下临界值,表明夏季鄂陵湖湖泊蒸散发在这两个时间段呈现出显著的下降趋势。UF和UB统计曲线的交点出现在2021—2022年间,表明夏季鄂陵湖湖泊蒸散发在这期间发生突变。

5.3.4 扎陵湖面积和区域蒸散发的时间变化特征

本节使用M-K分析法对夏季扎陵湖的湖面面积(AREA)、区域蒸散发(ET)进行时间演变过程和突变分析。

图5.14显示了1986—2022年夏季扎陵湖面积的变化趋势和M-K突变分析结果,夏季扎陵湖湖泊蒸散发的变化趋势和M-K突变分析结果。

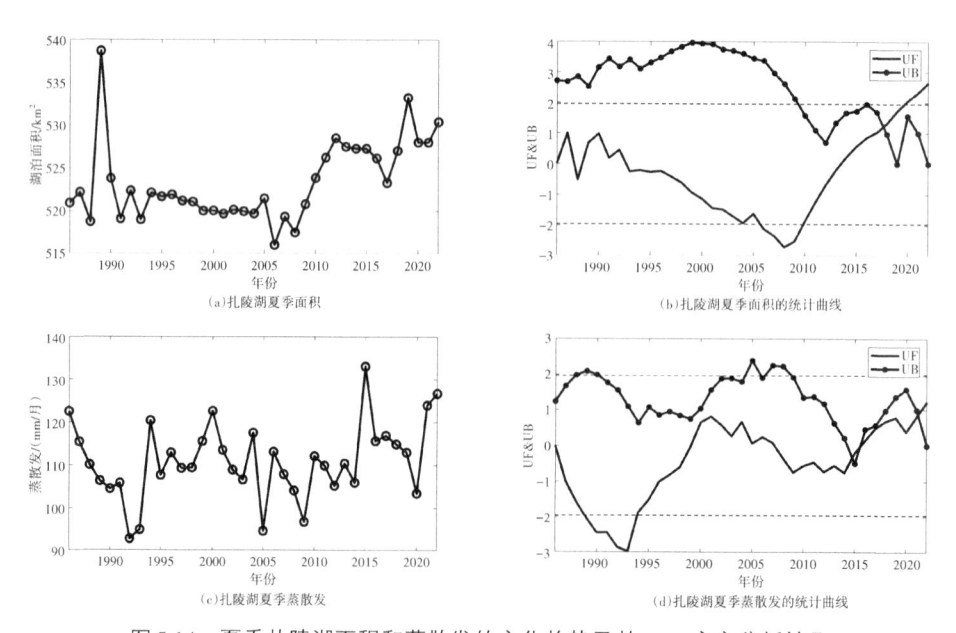

图5.14 夏季扎陵湖面积和蒸散发的变化趋势及其M-K突变分析结果

从湖面面积随时间的演变趋势可以得到,夏季扎陵湖面积呈现先波动上升—再缓慢下降—最后波动上升的整体变化趋势,1989年,湖泊面积达最大值。图5.14(b)中的UF值于1989—1992年间的大部分年份为正值,1993—2013年为负值,此后至2022年为正值。UF值分别于2006—2009年和2020—2022年超过了下临界值和上临界值,表明夏季扎陵湖的湖面面积在2006—2009年之间呈现出了显著的下降趋势,2020年以后湖面面积则显著增大。UF和UB统计曲线的交点出现在2017—2018年间,表明夏季扎陵湖面积在此期间发生突变。

整体而言,夏季扎陵湖湖泊蒸散发呈现出上下波动的变化趋势。图5.14(d)中的UF值于1986—1999年为负值,2000—2007年为正值,2008—2015为负值,此后到2022年为正值。UF值在1989—1993年超过了下临界值,表明夏季扎陵湖湖泊蒸散发于1986—1988年、1994—1999年之间的下降趋势并不显著,而在1989—1993年之间呈现出了显著的下降趋势。UF和UB统计曲线的交点出现在2014—2016年间和2021年前后,表明夏季扎陵湖湖泊蒸散发在此期间发生突变。

5.3.5 乌兰乌拉湖面积和区域蒸散发的时间变化特征

本节使用M-K分析法对夏季乌兰乌拉湖的湖面面积(AREA)、区域蒸散发(ET)进行时间演变过程和突变分析。

图5.15显示了1986—2022年夏季乌兰乌拉湖面积的变化趋势和M-K突变分析结果,夏季乌兰乌拉湖湖泊蒸散发的变化趋势和M-K突变分析结果。

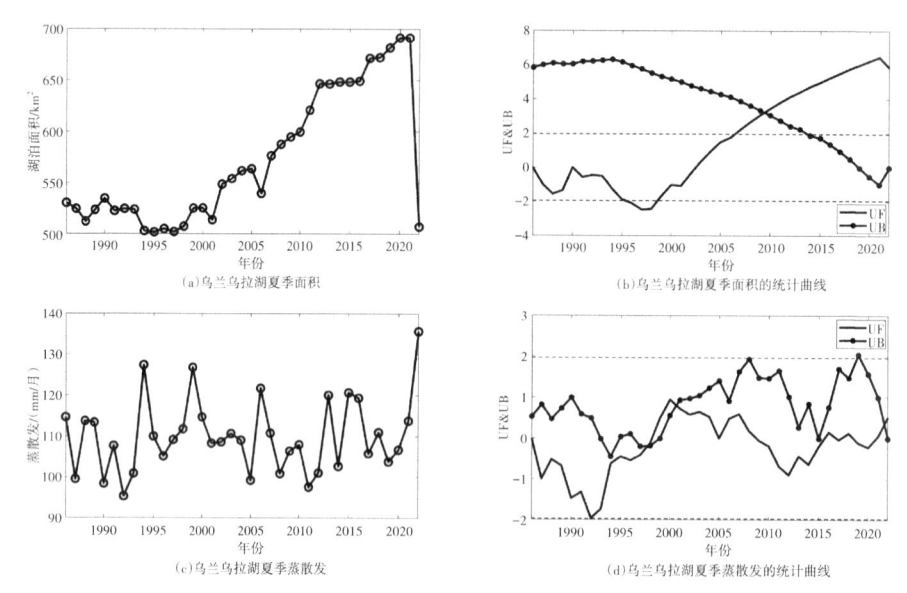

图5.15 夏季乌兰乌拉湖面积和蒸散发的变化趋势及其 M-K 突变分析结果

夏季乌兰乌拉湖面积于1986—2021年整体呈先波动下降再波动上升的变化趋势。图 5.15(b) 的 UF 值于1986—2002年为负值，2003—2022年为正值。UF 值于1996—1998年和2007—2022年分别超过了下临界值和上临界值，表明夏季乌兰乌拉湖的湖面面积于1996—1998年和2007—2022年分别呈现出了显著的下降和上升趋势。UF 和 UB 统计曲线的交点出现在2009—2010年间，表明夏季乌兰乌拉湖的面积可能在此期间发生突变。

夏季乌兰乌拉湖湖泊蒸散发整体呈上下波动的变化趋势。图 5.15(d) 的 UF 值于1986—1998年为负值，1999—2022年大部分年份为正值。UF 值在1986—2022年间一直都在临界值区域之内，表明夏季乌兰乌拉湖湖泊蒸散发的变化趋势并不显著。UF 和 UB 统计曲线的交点出现在

1998年、2000—2001年间、2021—2022年间,表明夏季乌兰乌拉湖湖泊蒸散发在此期间发生突变。

5.3.6 小结

本节使用M-K分析法对1986—2022年青海湖、哈拉湖、鄂陵湖、扎陵湖和乌兰乌拉湖的面积及蒸散发进行了统计分析。

青海湖四季的面积均呈下降—上升—下降—上升的变化趋势,春季、夏季、秋季的面积在2020年附近均发生突变,冬季的面积在2018—2019年发生突变,可能由于气温较低,2020年青海湖提前进入了封冻期。青海湖四季对应的蒸散发在研究期内有上升或下降的变化趋势,UF值未超过临界值,表明变化并不显著。哈拉湖四季的面积有波动下降和波动上升的变化趋势,显著变化的时期不一致,突变年份主要集中在2013—2017年期间。哈拉湖对应的蒸散发同样呈现出波动下降和波动上升的变化趋势,且变化趋势并不显著。夏季鄂陵湖和扎陵湖的湖泊面积总体呈上升—下降—上升的变化趋势,突变的年份分别是2001—2002年间和2017—2018年间;对应的蒸散发均呈现上升和下降的变化趋势但并不明显。夏季乌兰乌拉湖的面积则呈波动下降—上升的变化趋势,并于2009—2010年间发生突变,对应的夏季蒸散发呈现出下降—上升—下降—上升的变化趋势,且变化趋势并不明显。

综上所述,这些湖泊的面积变化呈现出波动下降后波动上升的趋势,对应的蒸散发亦呈现出相似的变化趋势。气候变化、人类活动以及自然因素等多重因素可能都在不同程度上共同作用于这些湖泊水量和蒸散发产生变化。特别是在某些突变年份，这些因素的相互作用可能更加显著，从而导致湖泊面积及蒸散发的突变。因此，需要进一步深入研究这些因素的相互作用机制，以便更好地理解和预测湖泊的水文变化趋势。

5.4 ║ 人类活动对青海省重点湖泊面积的影响

5.4.1 湖泊水体与周边人类活动相关的土地利用类型的相互作用

(1)湖泊水体与周边湿地利用面积的关系。

将湖泊水体面积与地表覆盖数据集中的湿地用地面积汇总在Excel表格中,添加"堆积折线图"并将横坐标插入为"年份",得到湖泊水体面积与周边湿地利用面积的关系图,如图5.16、图5.17、图5.18、图5.19、图5.20所示。

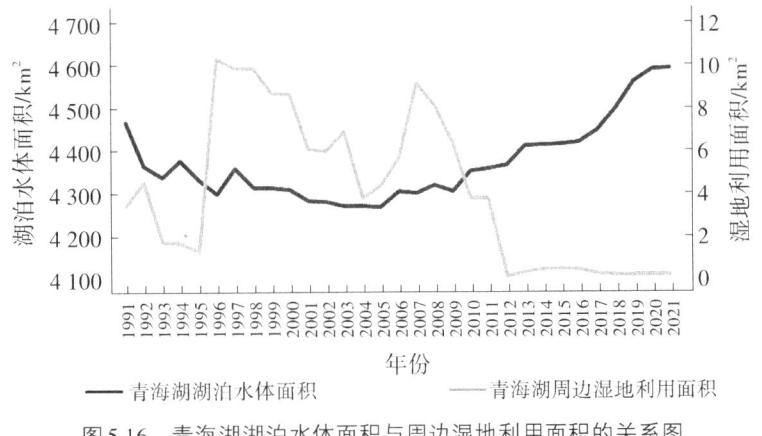

图5.16 青海湖湖泊水体面积与周边湿地利用面积的关系图

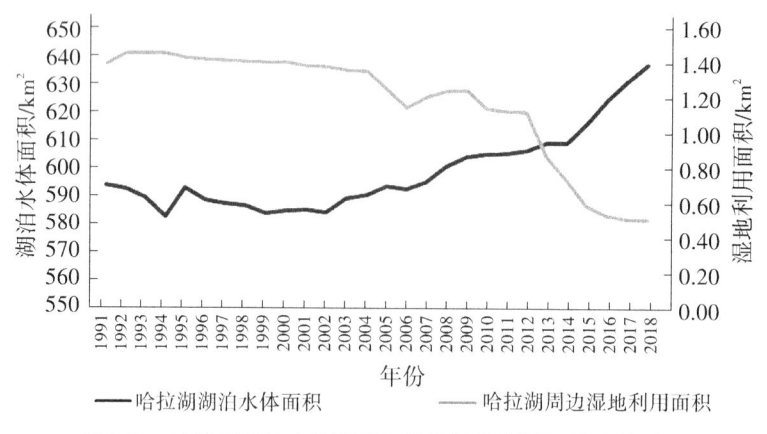

图 5.17　哈拉湖湖泊水体面积与周边湿地利用面积的关系图

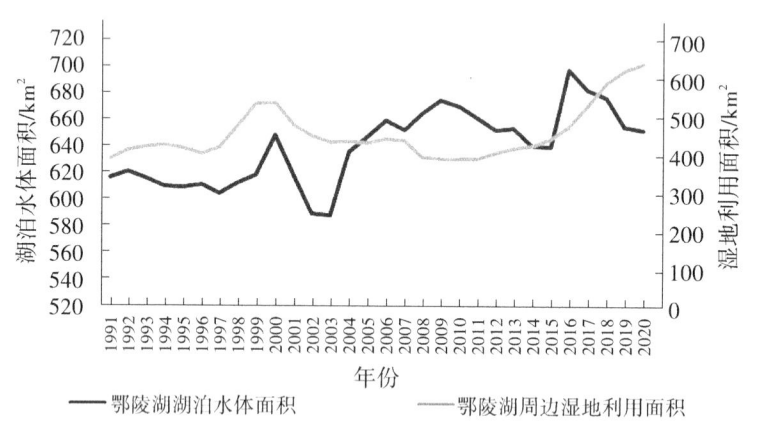

图 5.18　鄂陵湖湖泊水体面积与周边湿地利用面积的关系图

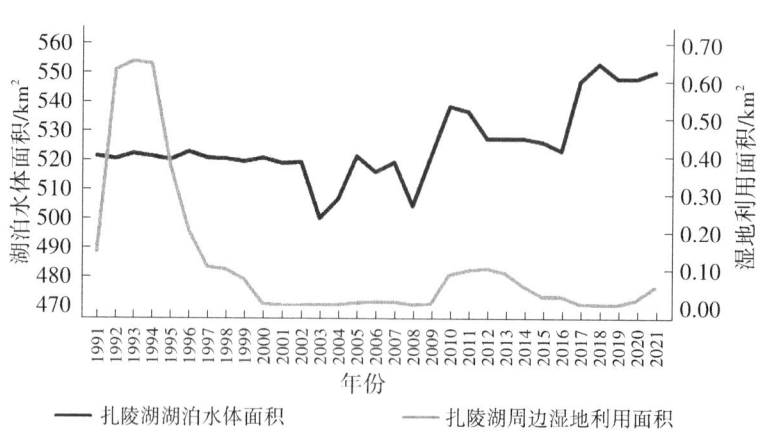

图 5.19　扎陵湖湖泊水体面积与周边湿地利用面积的关系图

图5.20 乌兰乌拉湖湖泊水体面积与周边湿地利用面积的关系图

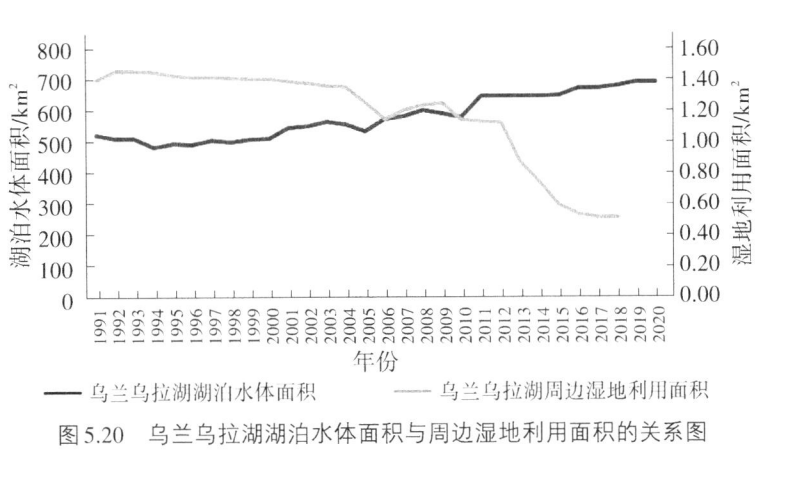

研究期内,青海省五大重点湖泊的水体面积总体上大多呈持续增长的趋势,湿地利用面积大多呈大幅减少的趋势。湖泊水体面积与湿地利用面积的关系大致呈负相关,即当湿地利用面积上升时,湖泊水体面积减少,而当湿地利用面积减少时,湖泊水体面积上升,也有一定的不规律性。

由于湿地是一个巨大的蓄水库,可以在暴雨和河流涨水期储存过量的降水,均匀地放出径流,减弱洪水对下游的危害,因此,湿地可以被看作是一个天然的储水系统,可以影响小气候。湿地水分通过蒸发成为水蒸气,然后又以降水的形式降到周围地区,保持当地的湿度和降雨量,影响当地人们的生活和工农业生产。而湿地面积减少会使当地环境缺少一定的调节能力,涵养水源的效果减弱,导致水体面积发生大幅变化。

(2)湖泊水体与周边耕地利用面积的关系。

将湖泊水体面积与地表覆盖数据集中的耕地利用面积汇总在Excel表格中,添加"堆积折线图"并将横坐标插入为"年份",得到湖泊水体与周边耕地利用面积的关系图,如图5.21、图5.22、图5.23、图5.24、图5.25所示。

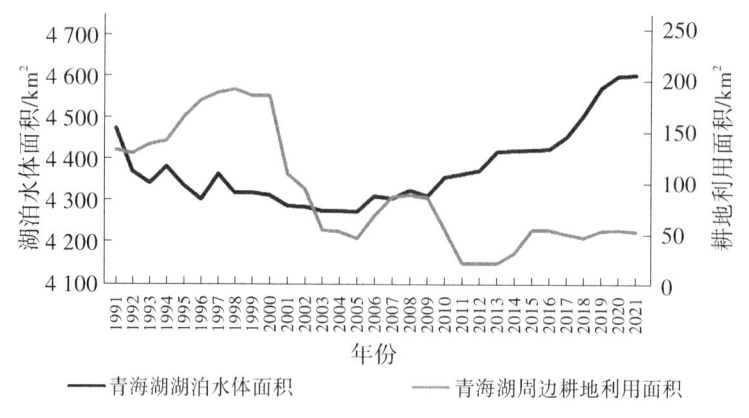

图 5.21 青海湖湖泊水体面积与周边耕地利用面积的关系图

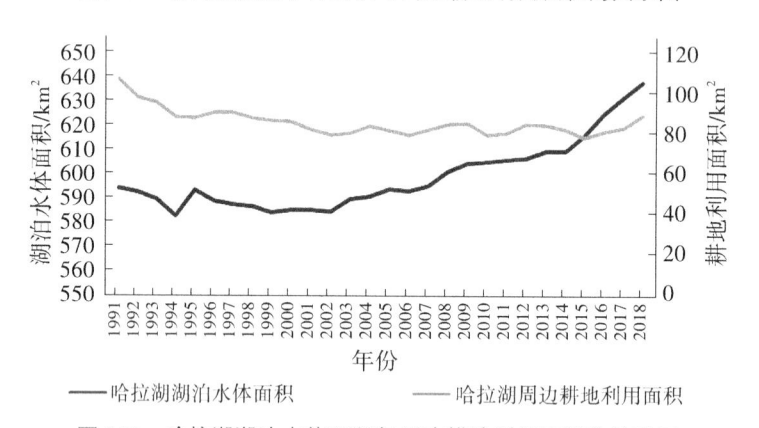

图 5.22 哈拉湖湖泊水体面积与周边耕地利用面积的关系图

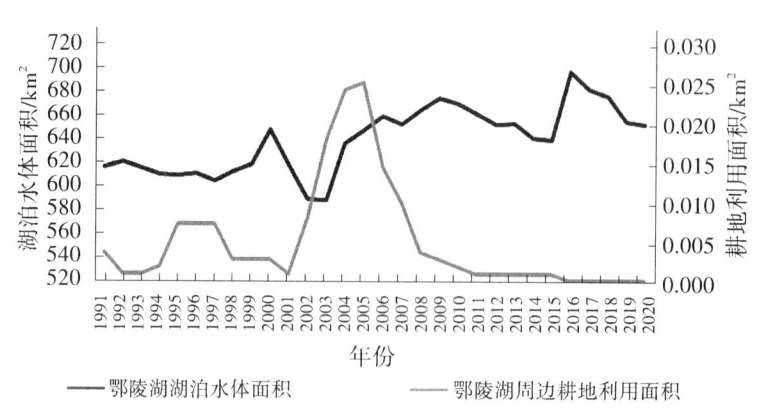

图 5.23 鄂陵湖湖泊水体面积与周边耕地利用面积的关系图

图 5.24 扎陵湖湖泊水体面积与周边耕地利用面积的关系图

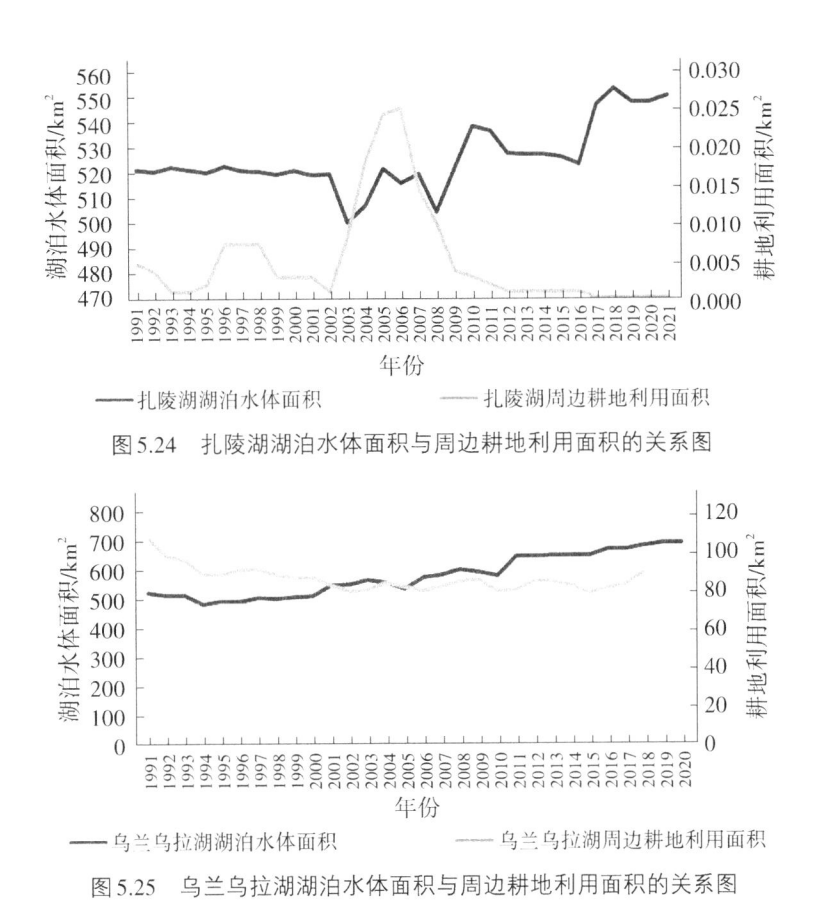

图 5.25 乌兰乌拉湖湖泊水体面积与周边耕地利用面积的关系图

研究期内,耕地面积总体呈缓慢减少的趋势,在2003年左右,扎陵湖、鄂陵湖周边地区耕地面积大幅增加,这也使得两大湖泊的水体面积出现较大幅度的减少。湖泊水体面积与耕地利用面积的关系大致呈负相关,即在耕地利用面积上升时,湖泊水体面积减少,而在耕地利用面积减少时,湖泊水体面积会呈上升,基本具有一定的规律性。

围垦区曾经是青海省内湖泊的重要分布区,由于人口增长、城市扩张等原因,部分湖泊被围垦用于建设或农业种植,导致湖泊数量减少或面积缩小。近年来,"退耕还湖"的政策也是耕地面积逐渐减少的一大原因。

(3)湖泊水体与周边林地利用面积的关系。

将湖泊水体面积与地表覆盖数据集中的林地利用面积汇总在Excel表格中,添加"堆积折线图"并将横坐标插入为"年份",得到湖泊水体面积与周边林地利用面积的关系图,如图5.26、图5.27、图5.28、图5.29、图5.30所示。

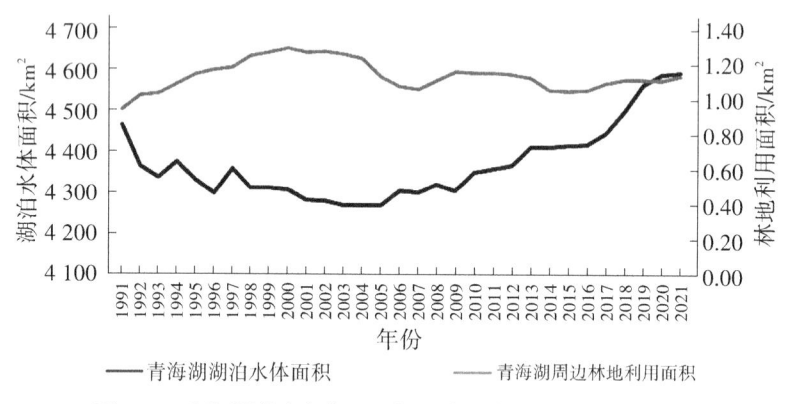

图5.26 青海湖湖泊水体面积与周边林地利用面积的关系图

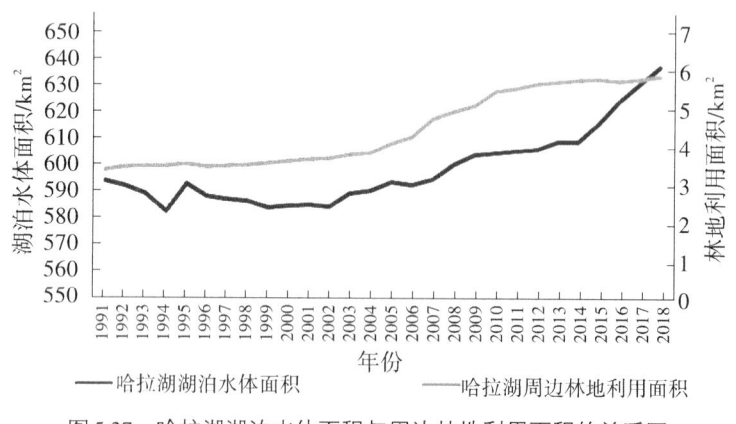

图5.27 哈拉湖湖泊水体面积与周边林地利用面积的关系图

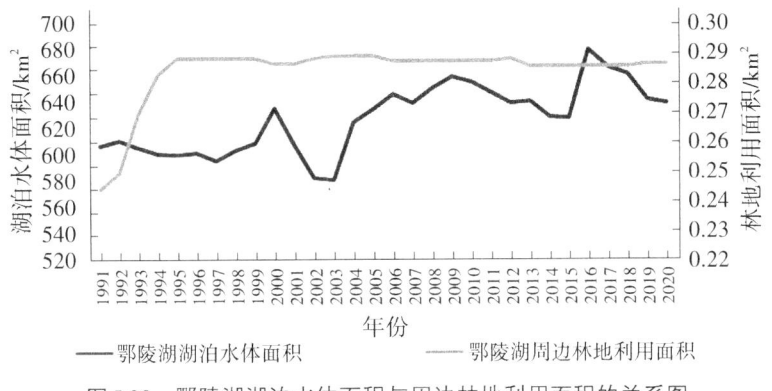

图5.28 鄂陵湖湖泊水体面积与周边林地利用面积的关系图

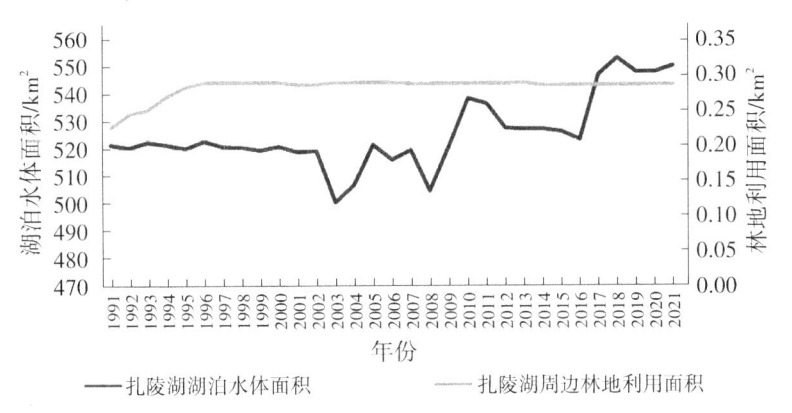

图5.29 扎陵湖湖泊水体面积与周边林地利用面积的关系图

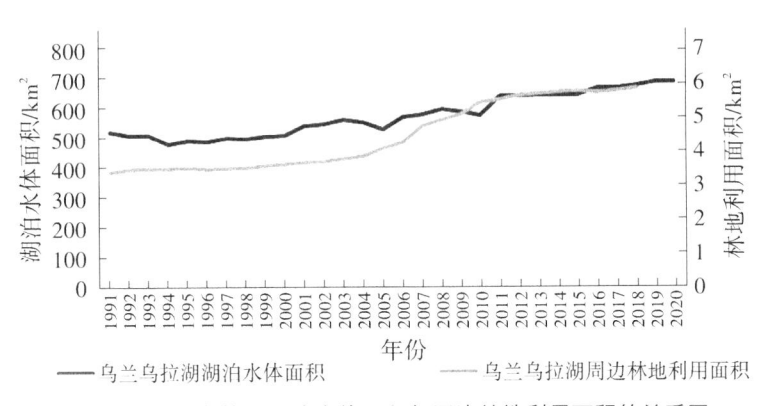

图5.30 乌兰乌拉湖湖泊水体面积与周边林地利用面积的关系图

可以看出，除了乌兰乌拉湖周边林地利用面积变化较小外，其他湖泊周边的林地利用面积总体呈缓慢增加的趋势。湖泊水体面积与周边林地利用面积的关系大致呈正相关，即在林地利用面积上升时，湖泊水体面积也相对增加，总体变化幅度较小。

林地在涵养水源、保持水土方面起着重要作用。从森林的蓄水、调节径流、削洪抗旱、净化水质和防止水土流失等方面来看，其对保持水土有着重要作用。

(4)湖泊水体与周边草地利用面积的关系。

将湖泊水体面积与地表覆盖数据集中的草地利用面积汇总在Excel表格中，添加"堆积折线图"并将横坐标插入为"年份"，得到湖泊水体面积与周边草地利用面积的关系图，如图5.31、图5.32、图5.33、图5.34、图5.35所示。

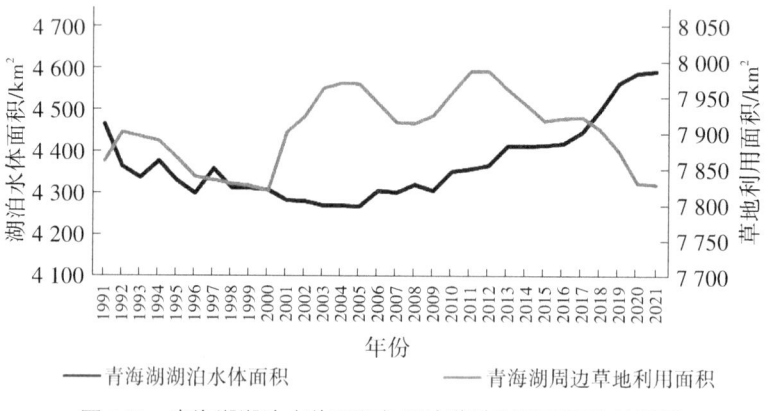

图5.31 青海湖湖泊水体面积与周边草地利用面积的关系图

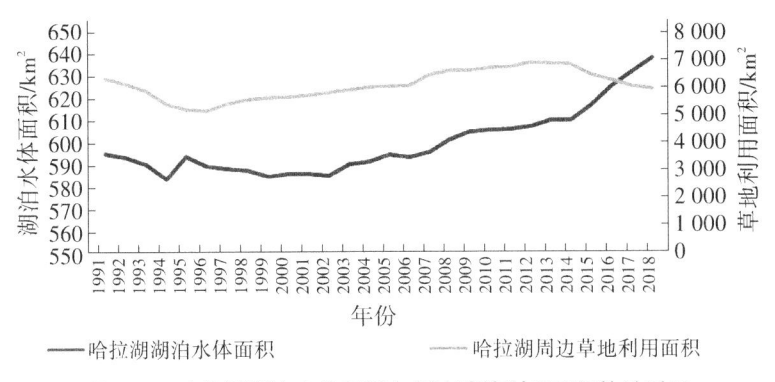

图 5.32　哈拉湖湖泊水体面积与周边草地利用面积的关系图

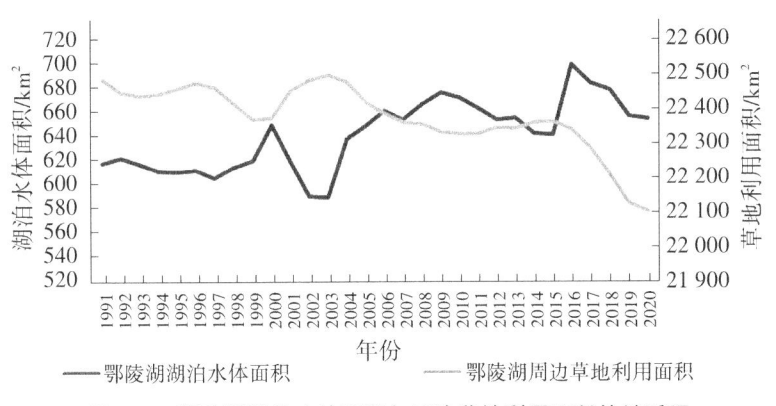

图 5.33　鄂陵湖湖泊水体面积与周边草地利用面积的关系图

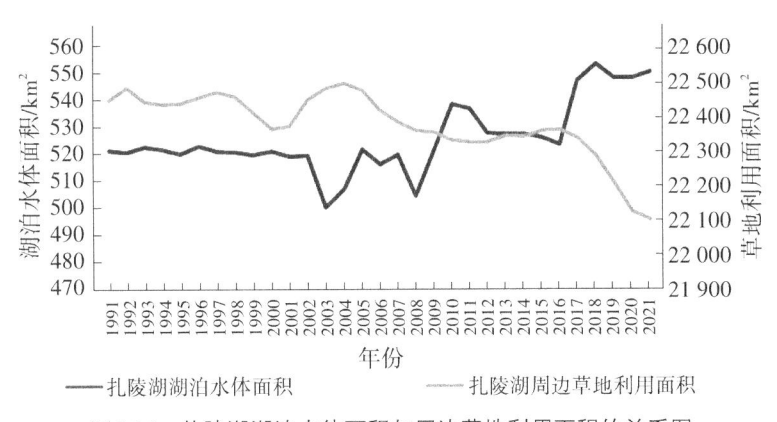

图 5.34　扎陵湖湖泊水体面积与周边草地利用面积的关系图

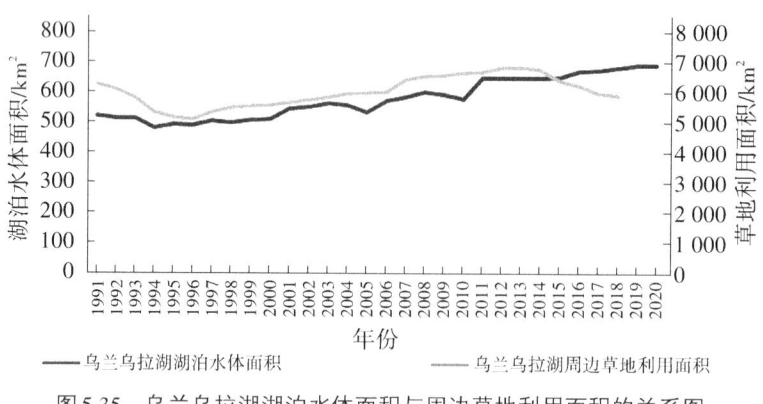

图 5.35　乌兰乌拉湖湖泊水体面积与周边草地利用面积的关系图

由上述变化可以看出,研究期内湖泊周边的草地利用面积总体保持基本恒定的趋势。湖泊水体面积与草地利用面积的关系大致呈正相关,总体变化幅度稳定。其中,鄂陵湖和扎陵湖在2000—2010年间周边草地利用面积出现小幅增加后又逐渐回减到2000年时的面积。

近年来,受自然条件的限制和人们对资源的不合理开发利用的影响,草地退化,草地质量下降,导致水土流失不断加剧,风沙危害日趋严重,生态环境日趋恶化,而"退耕还林(草)"工程是2010年后草地利用面积重新回增的主要原因之一。

(5)湖泊水体与周边裸地利用面积的关系。

将湖泊水体面积与地表覆盖数据集中的裸地利用面积汇总在Excel表格中,添加"堆积折线图"并将横坐标插入为"年份",得到湖泊水体与周边裸地利用面积的关系图,如图5.36、图5.37、图5.38、图5.39、图5.40所示。

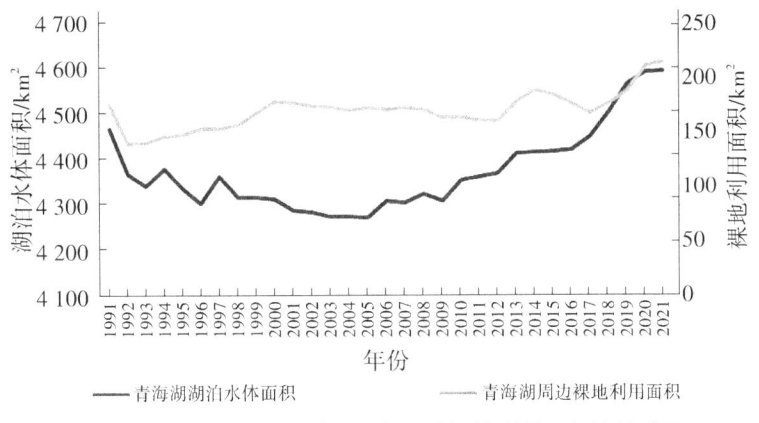

图 5.36　青海湖湖泊水体面积与周边裸地利用面积的关系图

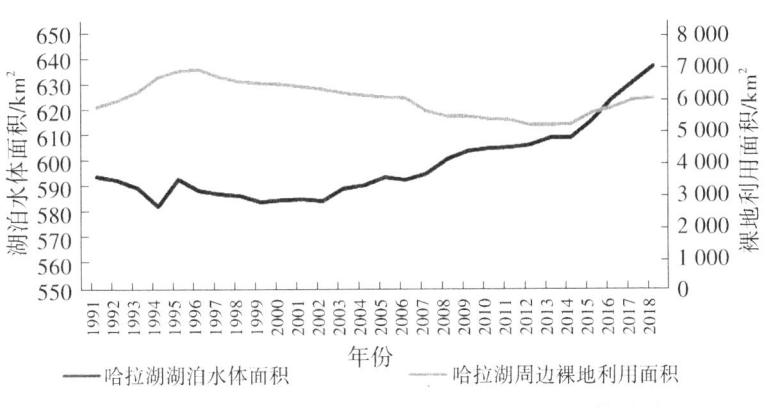

图 5.37　哈拉湖湖泊水体面积与周边裸地利用面积的关系图

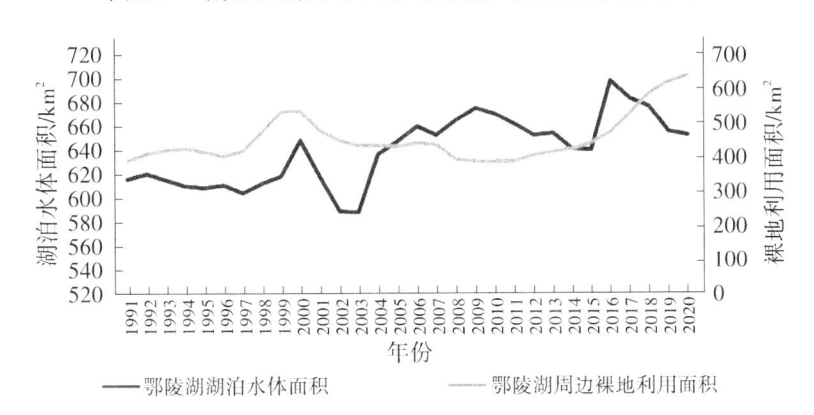

图 5.38　鄂陵湖湖泊水体面积与周边裸地利用面积的关系图

图 5.39 扎陵湖湖泊水体面积与周边裸地利用面积的关系图

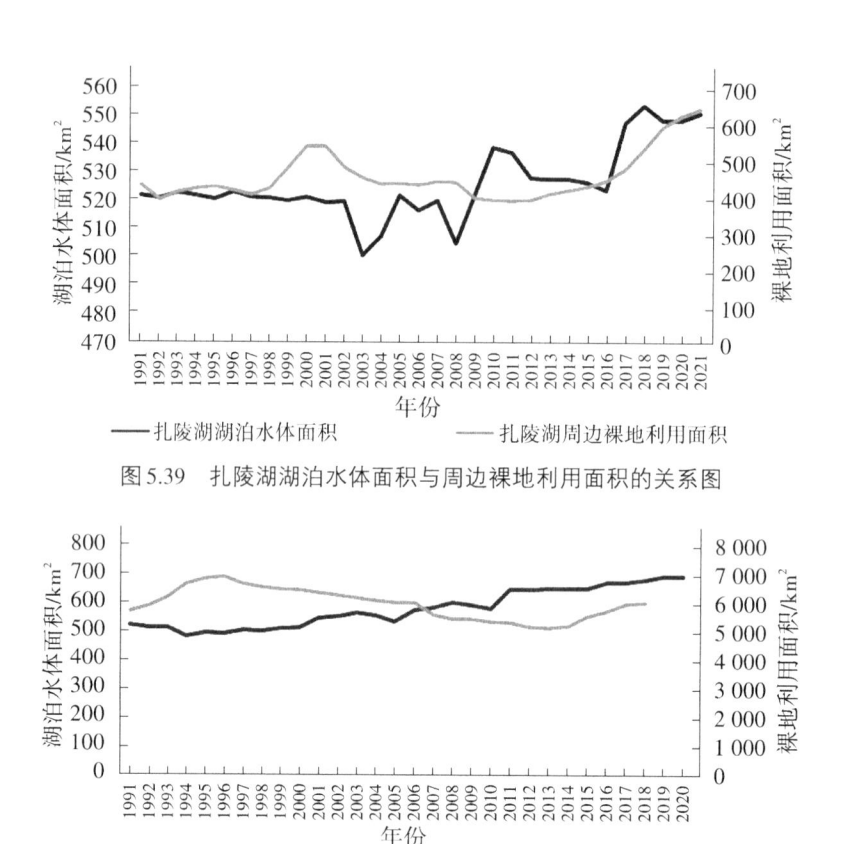

图 5.40 乌兰乌拉湖湖泊水体面积与周边裸地利用面积的关系图

由上述变化可以看出,研究期内湖泊周边的裸地面积总体呈"上升—下降—上升"的趋势,最大值普遍出现在1997年左右。湖泊水体面积与裸地利用面积大致呈正相关关系,但裸地面积的变化相对于水体面积的变化有一定的滞后性,滞后时间为2~3年。

裸地包括多种人类活动的用地,青海省湖泊附近的土壤中含有大量的重金属和天然矿物,矿产资源的开采是青海省湖泊开采的主要原因之一。由于人类进行湖泊地下采矿,从而影响湖泊的水位和面积。另外,一些不合理的放牧和过度种植,也会导致土壤的肥力急速下降,加剧土地荒漠化以及增加盐尘暴的风险,使土壤无法固留住水分,最终形成大面积的裸地。

(6)湖泊水体与周边灌木利用面积的关系。

将湖泊水体面积与地表覆盖数据集中的灌木利用面积汇总在Excel表格中,添加"堆积折线图"并将横坐标插入为"年份",得到湖泊水体与周边灌木利用面积的关系图,如图5.41、图5.42、图5.43、图5.44、图5.45所示。

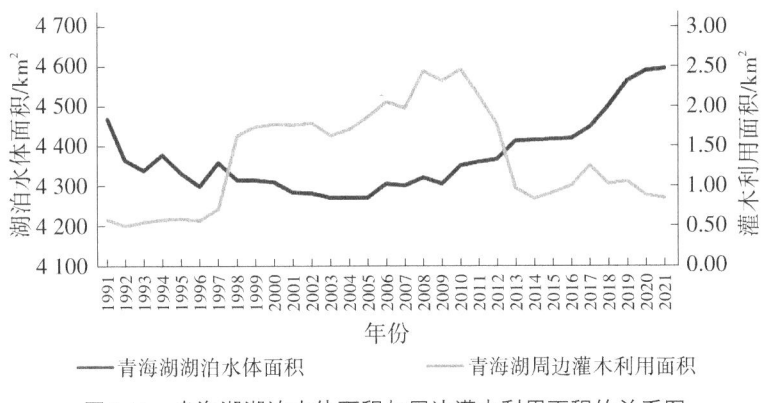

图5.41 青海湖湖泊水体面积与周边灌木利用面积的关系图

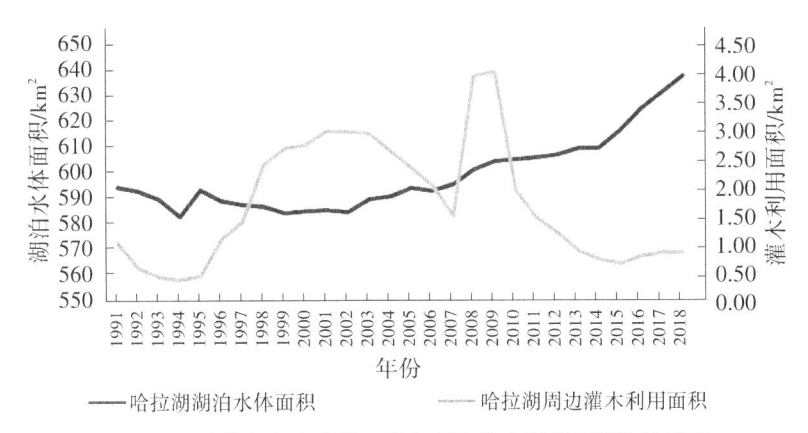

图5.42 哈拉湖湖泊水体面积与周边灌木利用面积的关系图

图5.43　鄂陵湖湖泊水体面积与周边灌木利用面积的关系图

图5.44　扎陵湖湖泊水体面积与周边灌木利用面积的关系图

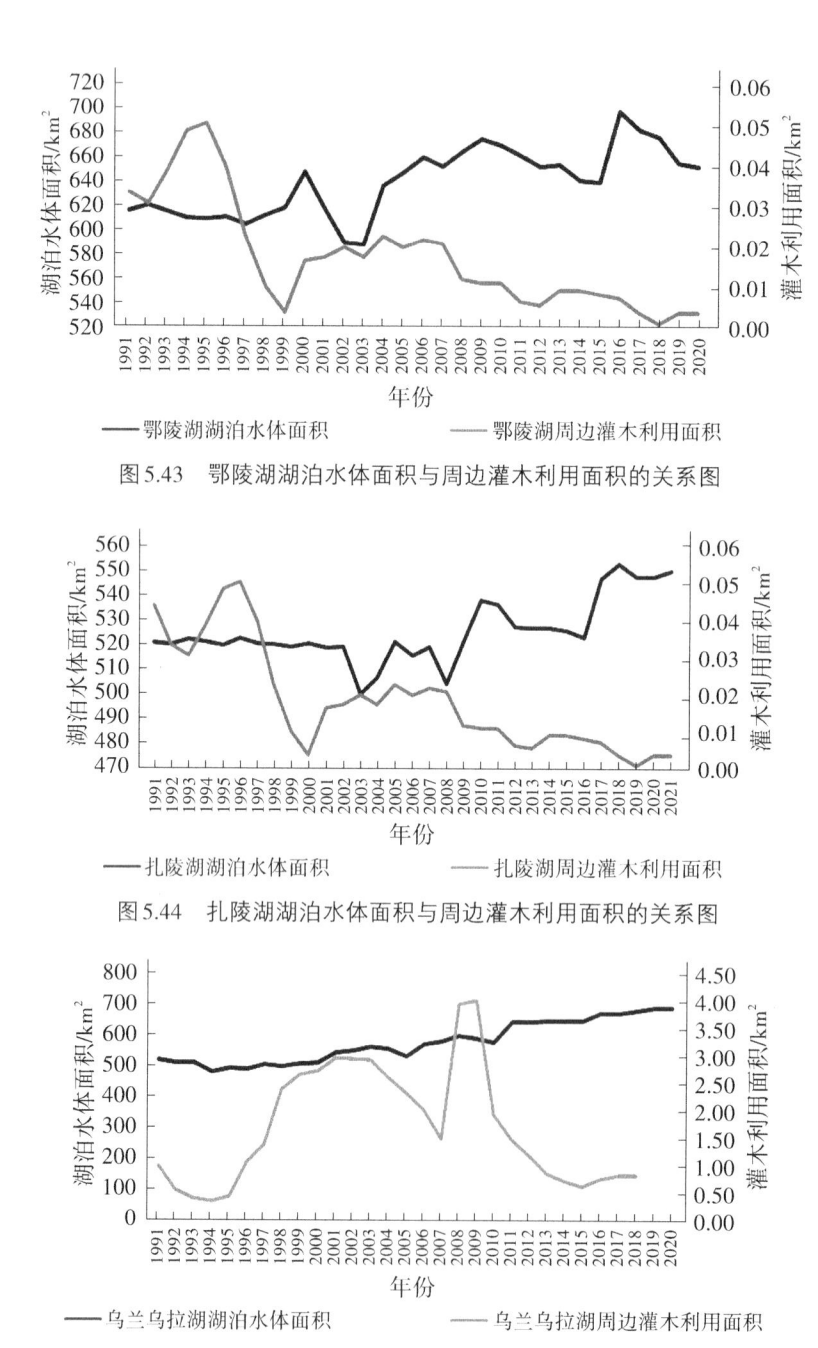

图5.45　乌兰乌拉湖湖泊水体面积与周边灌木利用面积的关系图

由上述变化可以看出，湖泊周边的灌木利用面积从1991年开始均出现小幅减少。除青海湖外，其他重点湖泊的周边灌木利用面积均表现为先快速增加后急速减少，2010年后呈缓慢减少的趋势。由于总体上灌木利用面积较小，故有很强的波动性。湖泊水体面积与灌木利用面积的关系大致呈负相关，即在灌木利用面积上升时，湖泊水体面积相应减少。

灌木具有耐干旱、耐高寒、耐瘠薄、耐盐碱、耐风蚀、抗风沙、天然更新快、萌发能力强等特点。其根系非常发达，各种根须在土壤中穿透，固定着泥土，地上部分能有效减轻太阳对土地的炙烤和大风对泥土的吹刮。灌木的枝叶会吸收截留一部分雨水，减缓雨水对地面的冲刷力度，其根系也使土壤结构更加牢固，质地更加疏松，能更好地吸收水分。

(7)湖泊水体面积与周边人口密度的关系。

将湖泊水体面积与2000至2020年"WorldPop"人口密度数据汇总在Excel表格中，添加"堆积折线图"并将横坐标插入为"年份"，结果如图5.46、图5.47、图5.48、图5.49、图5.50所示。

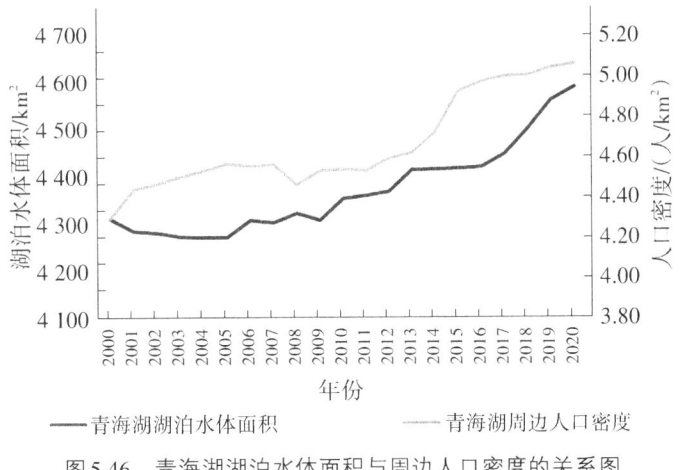

图5.46 青海湖湖泊水体面积与周边人口密度的关系图

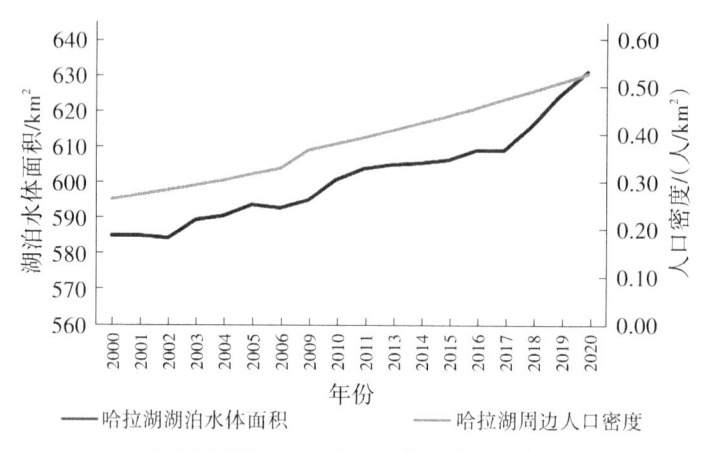

图5.47 哈拉湖湖泊水体面积与湖泊周边人口密度的关系图

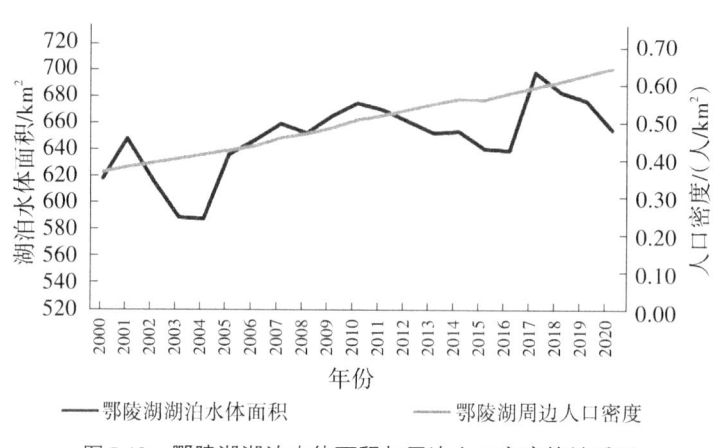

图5.48 鄂陵湖湖泊水体面积与周边人口密度的关系图

图5.49 扎陵湖湖泊水体面积与周边人口密度的关系图

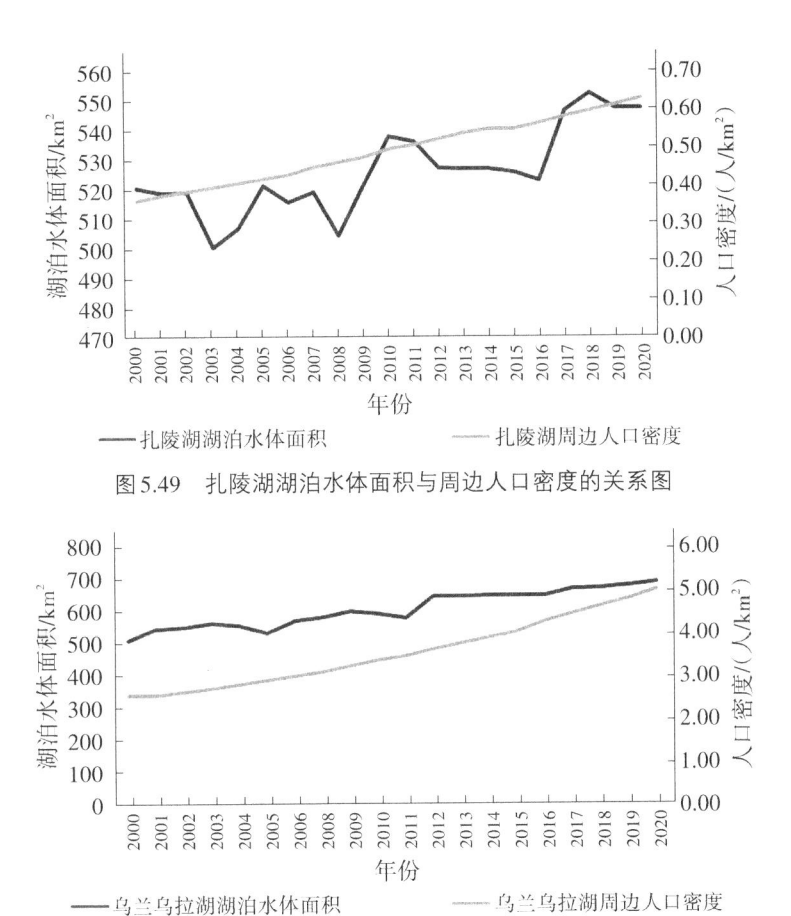

图5.50 乌兰乌拉湖湖泊水体面积与周边人口密度关系图

由上述变化可以看出,除青海湖周边的人口密度在2009年至2013年附近出现增速变缓的现象外,其他四个湖泊周边的人口密度都呈现出较规律的线性上升的趋势。

虽然各湖泊水体面积的变化和人口密度的变化都呈现出上升的趋势,但是两者之间没有很强的联系性,即在湖泊水体面积发生较大浮动的时间段,人口密度没有明显的增大变化。青海省地广人稀,各个区县的人口密度相对较低。五大湖区周边的人口密度增长平稳,并没有受湖泊水体面积影响,故还应当从其他的土地利用等方面获取信息。

5.4.2 基于熵值法的分析结果

将湖泊水体面积与1990—2020年地表覆盖数据集中的数据汇总在Excel的熵值法算法模板中,运算并得出结果。(注:信息熵越小,代表该指标离散程度越大,所含的信息就越多,所赋予的权重就越大。若权重算出来为负数,则表明该变量对模型有负面影响,即该变量对模型的贡献度低。)

(1)青海湖周边人类活动用地权重。

在青海湖周边地区,湿地的影响权重最大(0.05),草地的影响权重最小(0.03)。(表5.1)

表5.1 青海湖周边人类活动用地权重

用地类别	指标权重(W)
耕地	0.12
林地	0.12
灌木	0.09
草地	0.03
裸地	0.14
湿地	0.50

2023年,海北藏族自治州刚察县通过实施2 844万元的湿地保护与恢复项目,使4.64万公顷湿地得到有效保护,湿地生态系统得到进一步恢复。青海湖国家级自然保护区、青海刚察沙柳河国家湿地公园的建设不断加强,野生动植物保护措施进一步完善,形成了湿地生态系统的良性循环和正向演替。青海湖水体受湿地调节流量作用的影响,变化量减小。

(2)哈拉湖周边人类活动用地权重。

在哈拉湖周边地区,林地的影响权重最大,湿地、裸地等都对水体面积造成负面影响。(表5.2)

表5.2　哈拉湖周边人类活动用地权重

用地类别	指标权重(W)
耕地	0.10
林地	1.14
灌木	−0.01
草地	0.02
裸地	−0.11
湿地	−0.14

林地对于涵养水源和保持水土具有不可或缺的作用。这种作用主要体现在蓄水、调节径流、削洪抗旱以及净化水质、防止水土流失等方面。2010年之后,中国太保三江源生态公益林项目的实施大幅提升了哈拉湖周边林地的林分质量,丰富了树种的配置,建成了乔灌、针阔多树种

混交林。在下雨或汛期时,森林可以通过林冠和地面的残枝落叶等截住水分,减轻雨水对地面的冲击,增加雨水渗入土地的速度和土壤涵养水分的能力,减小降雨形成的地表径流。林木错综复杂的根系能稳固土壤,进一步减轻雨水对土壤的冲刷。

(3)扎陵湖与鄂陵湖周边人类活动用地权重。

在扎陵湖周边地区,林地的影响权重最大(表5.3),而在鄂陵湖周边地区,裸地的影响权重最大(表5.4),且耕地对水体面积产生较大的负面影响。扎陵湖、鄂陵湖虽相邻,但两侧的地貌和周围用地类别都有所不同。

表5.3 扎陵湖周边人类活动用地权重

用地类别	指标权重(W)
耕地	0.02
林地	0.40
灌木	0.03
草地	0.18
裸地	0.12
湿地	0.25

表5.4 鄂陵湖周边人类活动用地权重

用地类别	指标权重(W)
耕地	−0.25
林地	0.17

续表

用地类别	指标权重(W)
灌木	-0.11
草地	0.08
裸地	1.09
湿地	0.01

两湖都邻近黄河源头区域,而黄河源头地区的消冰水和地下泉水,在流经第三纪红土层,通过纳滩沼泽,从西边进入扎陵湖时,带来了大量泥沙,加上湖区风大水浅,湖水中沙粒沉淀不稳,湖水便呈现灰白色。扎陵湖的湖水经过20 km的河道进入鄂陵湖时,泥沙减少,湖水清澈,加上鄂陵湖平均水深比扎陵湖深得多(平均水深为17.6 m,最深处达30余米),因此其水色呈现出青蓝色。由于独特的地貌特征,两湖展现出了不同的水色并且这种差异还进一步影响着各类用地的权重。

(4)乌兰乌拉湖周边人类活动用地权重。

在乌兰乌拉湖周边地区,湿地的影响权重最大,其中,耕地和林地的影响权重为-0.01和-0.02,与湖泊水体面积几乎无明显关联。(表5.5)

表5.5 乌兰乌拉湖周边人类活动用地权重

用地类别	指标权重(W)
耕地	-0.01
林地	-0.02
灌木	0.22

续表

用地类别	指标权重（W）
草地	0.17
裸地	0.22
湿地	0.42

乌兰乌拉湖是羌塘盆地北缘的一个大型咸水湖（包括毗邻的沼泽地），有深锯齿状的湖岸及几个大的岛屿。乌兰乌拉湖周边水系的补给水源有高山冰帽冰川消融水和中—新生代碎屑岩系的泉线涌水，其东面尚有一些季节性河流。季节性补给水量对湖流运动及湖水的更替周期有一定影响，因此，湿地对乌兰乌拉湖生态系统的缓冲作用至关重要。

5.4.3 运用SPSS中的加权最小平方法分析

打开SPSS软件，导入1990—2020年中国土地覆盖数据集（CLCD）的数据与第二次全国土地调查（"二调"）、第三次全国国土调查（"三调"）数据，先选择"分析"—"权重分析"，再选择"加权最小平方法分析"，最后点击确认，得出结果，结果见表5.6、表5.7。

表5.6 加权最小平方法分析权重系数（CLCD数据）

	系数					
	未标准化系数		标准化系数		t	显著性
	B	标准错误	Beta	标准错误		
（常量）	26 604.791	2 471.996			10.762	0.000
耕地	−2.453	0.358	−1.528	0.223	−6.851	0.000

续表

	系数				t	显著性
	未标准化系数		标准化系数			
	B	标准错误	Beta	标准错误		
林地	−117.509	66.796	−0.110	0.063	−1.759	0.091
灌木	−6.763	11.873	−0.046	0.082	−0.570	0.574
草地	−2.719	0.299	−1.541	0.170	−9.082	0.000
裸地	−2.109	0.653	−0.393	0.122	−3.229	0.004
湿地	−5.609	2.516	−0.218	0.098	−2.230	0.035

表5.7 加权最小平方法分析权重系数("二调""三调"数据)

	系数				t	显著性
	未标准化系数		标准化系数			
	B	标准错误	Beta	标准错误		
(常量)	474.638	35.228			13.473	0.000
人工草地	5.287	0.051	0.915	0.009	103.833	0.052
村庄	1.702	0.160	0.086	0.008	10.641	0.001
采矿用地	−0.415	0.047	−0.147	0.017	−8.831	0.004
公路用地	−2.308	0.364	−0.038	0.006	−6.341	0.002
铁路用地	3.794	0.415	0.134	0.015	9.152	0.001

由上述权重数据得到，草地在两组数据中都显示出了较高的影响权重，采矿、公路、铁路用地的影响权重很低，而耕地的影响权重仅次于草地，位列第二，林地、湿地也显示出了一定的影响权重，分别位列第三和第四。

5.4.4 小结

湖泊变化反映其受到了气候变化和人类活动的影响。人类在工业、农业等方面的发展导致湖泊水体及其周边生态状况在许多方面都发生了重大变化,如湖泊水体面积、人口密度、农业和工业的用地情况等。青海省内的青海湖、哈拉湖、鄂陵湖、扎陵湖和乌兰乌拉湖等五大重点湖泊是维系青藏高原生态可持续性发展的关键角色,对青藏高原生态建设具有至关重要的作用。通过分析湖泊与人类活动的关系和变化特征可以探究出不同人类活动因素对青海省内主要湖泊的影响程度,为进一步的生态环境区域建设以及人类生产生活方式的调整提供依据。基于以上思路,本章使用了来自 Landsat1986—2022 年青海湖、哈拉湖、鄂陵湖、扎陵湖以及乌兰乌拉湖的遥感影像及数据,CLCD 数据集,第二次全国土地调查和第三次全国国土调查的数据以及"WorldPop"全球人口数据(人口密度数据)。得到了以下几点的结论。

(1)在提取湖泊水体面积的过程中发现,总体来说,青海湖湖泊水体面积在研究期内呈现出"下降—上升—下降—上升"的波动变化趋势,在 2005 年达到最低值,在 2017—2020 年湖泊面积增加速度呈加快的趋势,2020 年后又趋于平缓。哈拉湖湖泊水体面积变化与青海湖相似,在 1990—2002 年处于平稳后,一直呈增加趋势且在 2014 年开始出现增加速度加快的情况。扎陵湖和鄂陵湖湖泊水体面积具有相似的变化趋势,均于 2003 年达到研究期内最小值,此突变后,湖泊面积呈现大幅增加的趋势。乌兰乌拉湖湖泊水体面积在研究期内未发生明显的突变情况,总体呈缓慢增加的趋势。

(2)通过分析湖泊水体与周边受人类活动影响的土地利用类型的关系得出,湿地面积与湖泊水体面积大致呈负相关,且湿地面积较小时,湖泊水体面积产生突变的次数增多,湖泊水体面积的变化情况更加不稳定。耕地面积与湖泊水体面积大致呈负相关,虽然青海湖、鄂陵湖、扎陵湖周边耕地面积在某些年份有明显的增加和减少,总体来说,湖泊周边的耕地面积呈现出减少的趋势。林地面积与湖泊水体面积大致呈正相关,扎陵湖、鄂陵湖周边林地面积在1991—1995年间呈现出快速增加的趋势,之后趋于平缓。草地面积与湖泊水体面积大致呈正相关,鄂陵湖和扎陵湖周边草地利用面积总体下降,其余湖泊周边的草地面积总体保持基本恒定。1990—2022年间湖泊周边的裸地面积总体呈"上升—下降—上升"的趋势,最大值普遍出现在1997年前后。湖泊水体面积与裸地面积的关系大致呈正相关,但裸地面积的变化相对于水体面积的变化有一定的滞后性,滞后时间在2~3年。灌木面积与湖泊水体面积的关系大致呈负相关外,总体来说,灌木面积呈现出缓慢下降的趋势。人口密度与湖泊水体面积间没有很强的联系性。

(3)在使用熵值法研究不同人类活动用地对湖泊影响的权重时发现:在青海湖周边地区,湿地的影响权重最大,草地的影响权重最小;在哈拉湖周边地区,林地的影响权重最大,湿地、裸地等都对水体面积造成负面影响;在鄂陵湖周边地区,裸地的影响权重最大,且耕地对湖泊水体面积产生较大的负面影响;在扎陵湖周边地区,林地的影响权重最大;在乌兰乌拉湖周边地区,湿地的影响权重最大,与湖泊水体面积几乎无明显关联。使用加权最小平方法分析权重后发现,草地在各湖泊周边用地中都显示出了较高的影响权重,耕地的影响权重仅次于草地,位列第二,林地、湿地也显示出了一定的影响权重,分别位列第三和第四。

第六章

青海省近十年生态环境变化分析

6.1 ∥ RSEI简介及构建

6.1.1 指标构建

生态环境质量往往由多个因素共同反映。在众多反映生态环境质量的因素当中,绿度、湿度、热度与干度这四个指标是与人类的活动息息相关的重要因素,并且都能够简单方便地从遥感影像上获取,因此,这四个指标常常被用到生态环境质量监测与评价工作中。本章所使用的遥感生态指数(RSEI)采用了这四个指标作为参数,其中的绿度用归一化植被指数(NDVI)为代表,湿度则用湿度指数(Wet)为代表,热度用地表温度(LST)为代表,干度用干度指数(NDBSI)为代表,其中干度指数由裸土指数(SI)与建筑用地指数(IBI)共同构成。具体表示方式如下:

$$I_{RSEI}=f(I_{NDVI},I_{Wet},I_{LST},I_{NDBSI}) \tag{6.1}$$

(1)绿度指标。

归一化植被指数是使用最为广泛的植被指数之一,是监测植物生长状况、植被覆盖程度以及计算植物生产力的重要指标。计算公式如下：

$$I_{NDVI}=\frac{\rho_{NIR}-\rho_{red}}{\rho_{NIR}+\rho_{red}} \tag{6.2}$$

式中ρ_{NIR}为近红外波段的反射率，ρ_{red}为红色波段的反射率。

(2)湿度指标。

缨帽变换，也被称为K-T变换，是通过经验型的线性正交变换、空间轴的旋转，将植被、土壤信息映射到多维空间的遥感平面上。经过缨帽变换的影像可以有效地区分土壤、植被、作物等信息，是一种较为有效的去除数据冗余的技术。本章用到的湿度指数(Wet)就是通过缨帽变换得到的，它可以较为有效地反映植被、水体与土壤的湿度状况。其计算公式如下：

$$I_{Wet}=C_1\rho_{blue}+C_2\rho_{green}+C_3\rho_{red}+C_4\rho_{NIR}+C_5\rho_{SWIR1}+C_6\rho_{SWIR2} \tag{6.3}$$

对于不同的传感器来说，式中C_1到C_6的值是不同的，而对于Landsat 8的OLI传感器来说，C_1到C_6的值分别为0.151 1、0.197 3、0.328 3、0.340 7、-0.711 7和-0.455 9。式中，ρ_{blue}为蓝色波段的反射率，ρ_{green}为绿色波段的反射率，ρ_{red}为红色波段的反射率，ρ_{NIR}为近红外波段的反射率，ρ_{SWIR1}为短波红外波段1的反射率，ρ_{SWIR2}为短波红外波段2的反射率。

(3)干度指标。

NDBSI由SI与IBI共同构成，能够在一定程度上反映植被的退化与城市的扩张情况，而这两种因素都会对生态环境质量造成负面的影响。

计算公式如下：

$$I_{\text{NDBSI}} = \frac{I_{\text{IBI}} + I_{\text{SI}}}{2} \tag{6.4}$$

$$I_{\text{IBI}} = \frac{\dfrac{2\rho_{\text{SWIR1}}}{\rho_{\text{SWIR1}} + \rho_{\text{NIR}}} - \left(\dfrac{\rho_{\text{NIR}}}{\rho_{\text{NIR}} + \rho_{\text{red}}} + \dfrac{\rho_{\text{green}}}{\rho_{\text{green}} + \rho_{\text{SWIR1}}}\right)}{\dfrac{2\rho_{\text{SWIR1}}}{\rho_{\text{SWIR1}} + \rho_{\text{NIR}}} + \left(\dfrac{\rho_{\text{NIR}}}{\rho_{\text{NIR}} + \rho_{\text{red}}} + \dfrac{\rho_{\text{green}}}{\rho_{\text{green}} + \rho_{\text{SWIR1}}}\right)} \tag{6.5}$$

$$I_{\text{SI}} = \frac{(\rho_{\text{SWIR1}} + \rho_{\text{red}}) - (\rho_{\text{NIR}} + \rho_{\text{blue}})}{(\rho_{\text{SWIR1}} + \rho_{\text{red}}) + (\rho_{\text{NIR}} + \rho_{\text{blue}})} \tag{6.6}$$

式中，ρ_{blue} 为蓝色波段的反射率，ρ_{green} 为绿色波段的反射率，ρ_{red} 为红色波段的反射率，ρ_{NIR} 为近红外波段的反射率，ρ_{SWIR1} 为短波红外波段1的反射率。

(4)热度指标。

地表温度在城市热岛效应研究以及自然灾害的监测等方面有着很重要的意义。而在生态环境当中，地表温度的高低直接影响着植被生长的状况、土壤的湿度等。本章的热度指标(LST)分为两个板块，分别计算青海全省的LST和青海省内重点区域的LST。计算青海省内重点区域（木里矿区和青海湖周边地区）的LST时，使用Landsat 8数据集2中处理层次1、级别2的ST_B10波段，此波段的数值即为地表温度，单位为开尔文(K)。在实验当中发现，ST_B10波段在木里矿区、青海湖周边地区的数据覆盖情况良好，但其在青海省西南角有大范围的缺失，因此对于青海省全省范围视角下的地表热计算，使用MODIS地表热产品，其公式

如下:

$$I_{LST} = \frac{T_{Day} + T_{Night}}{2} \tag{6.7}$$

式中,T_{Day}为白天的平均地表温度,T_{Night}为夜间的平均地表温度。

对于青海省内部重点区域的地表温度计算,因为ST_B10波段数据良好,故可以直接使用。直接调用其波段数据,对于影像的任意像元来说,该波段值即地表温度值。

6.1.2 RSEI模型构建

(1)水体掩膜。

RSEI主要应用于陆地地区的生态环境质量评价。由于水体的湿度指标(Wet)很高,如果研究区域内部有大片的水体存在,会使计算出来的Wet的均值与极值都偏高,从而使得到的RSEI精准度变差。因此,在计算RSEI之前,要先将研究区内大片的水体进行掩膜处理,使其不参与RSEI的计算。本章在掩膜大面积水体时主要运用到的是归一化水体指数(NDWI),计算公式如下:

$$I_{NDWI} = \frac{\rho_{green} - \rho_{NIR}}{\rho_{green} + \rho_{NIR}} \tag{6.8}$$

式中,ρ_{green}为绿色波段的反射率,ρ_{NIR}为近红外波段的反射率。经过实验测试发现,当掩膜阈值设置为0(即认为$I_{NDWI}>0$的部分是水体)时,可以有效地掩膜掉如青海湖、扎陵湖等较大的水体,其精度可以满足实验研究的需要。

(2)归一化处理。

数据的归一化在科学研究计算中有着重要的地位。归一化处理可以使数据属性获得同等的权重,使属性之间的比较与聚合更加容易,数据的收敛会更好。在本章中,四个指标之间的量纲并不统一。如果不进行归一化处理,在主成分分析的过程中四个指标的权重会失衡,致使计算出来的RSEI指数不准确。而计算出来的RSEI指数也要进行归一化处理,否则,同一地区在不同年份的RSEI将没有可比性。在归一化之后,目标值将落在[0,1]的区间内。常用的RSEI计算方法有Min-Max、Z-Score与Sigmoid。本章采用的是最为普遍的Min-Max方法,其公式如下:

$$I=\frac{I_0 - I_{Min}}{I_{Max} - I_{Min}} \tag{6.9}$$

式中,I_0为该指标的值,I_{Min}为整幅影像中该指标的最小值,I_{Max}为整幅影像中该指标的最大值,I为归一化之后的值。

(3)主成分分析。

主成分分析,简称PCA,是一种数据降维的方式。它通过变量变换的方式,使几个相关的变量变为若干个互相之间不相关的综合指标变量,这些不相关的变量就是主成分。对于RSEI的四个指标来说,它们之间彼此互相影响,这种复杂的关系使得如何确定它们之间的权重从而计算RSEI是一个困难的问题,而且这种确定权重的方法还带有强烈的主观性。因此，RSEI的计算采用主成分分析的方法将指标正交化，从而选择能代表绝大多数信息的主成分作为RSEI的主要指标。主成分分析的原理如下所示。

对于一个有n个样本和m个变量的数据集X来说，其数据矩阵可以表示为

$$X = \begin{bmatrix} x_{11} & x_{12} & \cdots & x_{1m} \\ x_{21} & x_{22} & \cdots & x_{2m} \\ \vdots & \vdots & \vdots & \vdots \\ x_{n1} & x_{n2} & \cdots & x_{nm} \end{bmatrix} = [y_1, y_2, \cdots, y_m] \quad (6.10)$$

其中，$y_i = [x_{1i}, x_{2i}, \cdots, x_{ni}]^T, i = 1, 2, \cdots, p$，主成分分析之后，应该得到新的$m$个变量，新的变量与原有变量的对应关系如下：

$$z_i = w_{i1}y_1 + w_{i2}y_2 + \cdots + w_{im}y_m, i = 1, 2, \cdots, m \quad (6.11)$$

其中，$w_{i1}^2 + w_{i2}^2 + \cdots + w_{im}^2 = 1$。

对于任意的$z_i, z_j (i \neq j, i = 1, 2, \cdots, m)$，其应当满足：

(1) z_i与z_j之间应该完全正交化，不存在相关关系；

(2) 若i大于j，则z_i的方差也大于z_j的方差。

6.1.3 RSEI计算

在完成了主成分分析之后，应当获得四个彼此之间没有相关性的指标，即第一主成分、第二主成分、第三主成分以及第四主成分。RSEI的计算一般以第一主成分(以下简写为PC1)为核心，而其余主成分则不参与

计算。PC1数值越大代表生态越好，RSEI的公式表示为

$$RSEI = 1 - PC1 \tag{6.12}$$

然而在实际的计算过程当中，许多学者发现其计算方式有时存在缺陷。在某些地区，RSEI的计算结果往往与事实相反。甚至有学者发现改变波段输入的顺序都有可能导致RSEI出现相反的结果，每个生态因子的特征向量都会影响相应的RSEI方向。这是由于主成分分析方法中特征向量的非唯一性会给模型带来完全相反的结果。因此，本章根据改进过的RSEI计算模型，选择受季节性变化影响相对较小的湿度指标(Wet)来判断PC1的特征向量方向。该模型可以适应不同地区、不同时期和不同指标输入顺序的RSEI计算，使最终结果的方向是正确的。其优化的计算公式如下：

$$RSEI = \begin{cases} PC1, & \lambda_{Wet} \geq 0 \\ 1 - PC1, & \lambda_{Wet} < 0 \end{cases} \tag{6.13}$$

其中，λ_{Wet}为湿度指标(Wet)对PC1的贡献度。

经过实际的计算检验，发现2014—2022年青海省及其内部重点区域生长季的RSEI计算过程中，对于所有影像的PC1，其湿度指标(Wet)的贡献度均为正值，因此直接使用PC1数值作为RSEI即可。

6.1.4 遥感影像的合成与选取

青海省位于青藏高原的东北部，较高的纬度使其在冬季时降雪十分常见。大面积的降雪会使原本的植被和裸土全部被雪体覆盖，在遥感影

像上难以区分。此时四个指标的数值与未被积雪覆盖时的数值有着极大的偏差。这在对青海省的RSEI研究中,季节性因素的影响较大。为了解决这个问题,有学者提出只选取夏季时期的影像(6~8月)进行计算。但青海省夏季多云,遥感影像上往往有大片的厚云层遮挡。如果只选择夏季时期的影像进行计算,就必须采用多年影像进行合成的方法。本章的研究时间跨度较短,最多只能选取连续三年的影像进行合成,因此,则将夏季(6~8月)改为生长季(5~9月)。经过调查及实验发现,在选取三年生长季影像进行合成之后,基本未出现大范围的数据空白,也未出现大面积的积雪覆盖,可以满足实验研究的需要。

6.1.5 RSEI的分级

为了使RSEI更具有直观性和代表性,对于归一化之后的RSEI值,按照0.2的间隔进行分级,依次分为差、较差、一般、较好和好等5个等级,以便对不同评级的地区能够使用不同的颜色进行标注。其中,RSEI值在[0,0.2)区间的为差,[0.2,0.4)的为较差,[0.4,0.6)的为一般,[0.6,0.8)的为较好,[0.8,1.0]的为好。

6.2 ‖ 主成分分析结果

在采用了三年的生长季影像合成取中位数的方法之后,对影像的每一个像元的四个指标进行计算。在归一化之后进行主成分分析。四个指标得到了四个主成分。在谷歌地球引擎(GEE)中对四个主成分的特征值与贡献率进行计算分析,结果如表6.1所示。

表6.1 主成分分析结果

地区	年份	特征值 PC1	PC2	PC3	PC4	贡献率/% PC1	PC2	PC3	PC4
青海省	2014—2016	0.050 0	0.018 0	0.003 4	0.000 3	69.67	25.05	4.79	0.49
青海省	2017—2019	0.054 9	0.019 6	0.003 7	0.000 3	69.97	24.92	4.68	0.43
青海省	2020—2022	0.057 1	0.018 7	0.004 1	0.000 4	71.06	23.29	5.13	0.52
青海湖周边地区	2014—2016	0.053 1	0.007 4	0.003 7	0.000 3	82.41	11.43	5.69	0.48
青海湖周边地区	2017—2019	0.041 6	0.008 2	0.001 7	0.000 1	80.61	15.89	3.25	0.26
青海湖周边地区	2020—2022	0.058 5	0.009 0	0.003 4	0.000 3	82.21	12.63	4.79	0.37

从表6.1中可以看出,对于不同年份、不同地区来说,其PC1的贡献率均在65%以上,其中以青海湖周边地区为研究区时,其PC1的贡献率更是达到了80%以上。因此可以认为,对于青海省及其重点地区的主成分分析结果,其PC1可以代表研究区内绝大多数的信息,因此PC1可以在RSEI计算中使用。

6.3 ║ RSEI时间格局分析

RSEI的时间格局分析主要围绕三个方面展开：不同时间段影像的生态质量分布、RSEI均值变化以及不同生态评级占比变化。第一方面，以生态质量分布图的形式，根据影像中每一个像元的RSEI值，通过不同颜色区分不同生态评级从而直观展示各区域的生态状况，以此来研究生态分布特征及不同区块的变化。第二方面，对整体的RSEI求均值，通过不同时间RSEI向值的对比来分析整体上的生态质量变化。第三方面，通过统计五种不同评级的区域占总研究区的比例变化来分析生态质量变化。通过这三个方面的分析，可以在一定程度上反映RSEI在时间上的变化趋势及规律。

6.3.1 青海省RSEI时间格局

图6.1为青海省的RSEI均值柱状图。从图中可以看出，在青海省全省范围内，2017—2019年的生态质量较2014—2016年有所上升，2020—2022年的生态质量较2017—2019年有所下降，但2020—2022年的RSEI

均值比 2014—2016 年高，总体 RSEI 均值提高表明青海省全省的生态质量在近十年得到了一定程度的改善。

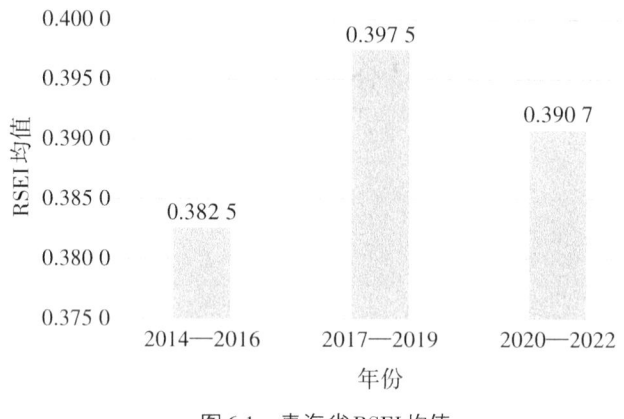

图 6.1　青海省 RSEI 均值

从青海省不同生态评级占比图（彩图 10）不难看出，占比最多的地区是评级为"较差"的地区，占比最少的地区是评级为"好"的地区。2014—2022 年，评级为"好"和"较好"的地区占比呈现出先上升后下降的情况，而评级为"一般"、"较差"和"差"的地区占比呈现出先下降后上升的情况。可见 2017—2019 年的生态环境优于 2014—2016 年，而 2020—2022 年的生态环境略差于 2017—2019 年，但总体上的变化较小，与前面 RSEI 均值的分析结果一致。

从青海省生态质量分布图（彩图 11）不难看出，青海省的生态质量大致呈现出西北差而东南好的格局。颜色越靠近绿色代表生态质量越好，越靠近红色则代表生态质量越差。总体上来看，近十年间青海省总体上的 RSEI 并未出现较大的变化。

6.3.2 青海湖周边地区RSEI时间格局

从青海湖周边地区的RSEI均值柱状图(图6.2)可以清晰地看到，RSEI均值下降，表明青海湖周边地区的生态质量呈下降的趋势。其中，从2014—2016年到2017—2019年期间的RSEI均值下降不多，而2020—2022年时的RSEI均值锐减，比2017—2019年的下降了约0.05。

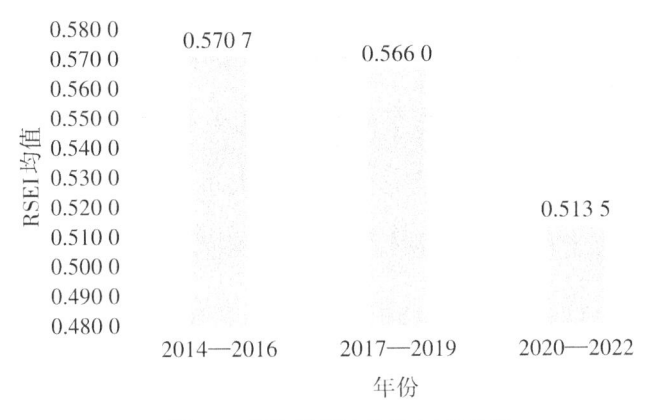

图6.2 青海湖周边地区RSEI均值

从青海湖周边地区的不同生态评级占比图(彩图12)可以看出，青海湖周边地区评级为"较好"的区域占比为最多。评级高的区域在不断减少，评级低的区域在不断增加。尤为明显的是，评级为"差"的地区近十年内增加了6.90%，评级为"较好"的地区下降了7.29%。

从青海湖周边地区的生态质量分布图(彩图13)可以看出，图中大范围的空白区域即青海湖的湖体，已经被水体掩膜去除。青海湖东北部的尕海沙区与克土沙区呈现大范围的红色。从图中还可以看出有两个红色沙区的面积近在十年中逐渐减少。资料显示，随着青海湖水位的上涨,部分沙区已经没入水体中,因此沙区的面积才会出现大范围的减少。然而,一旦青海湖的水位下降,这些沙区就会再一次裸露出来,因此,不能简单地认为沙区的生态环境得到了改善。

从图中不难得到,青海湖周边地区近十年生态环境下降主要在围绕青海湖北部的一圈地区,以及靠青海湖西南角地区。这两个区域在过去的近十年里,生态质量评级不断下降,由黄色变为橙红色,再由橙红色变为红色,而且受影响的面积也在不断扩大。因此,青海湖周边地区总体生态质量下降与这两个区域的变化有着密切关系。

围绕青海湖北部一圈的地方分布着大大小小的村落乡镇,靠近西北的地方又与青海省西北的柴达木盆地直接相连。因此,可以作出合理的推测,认为围绕青海湖北部地区的生态质量下降与人类活动和荒漠化有关。人类的生产、生活以及扩张可能破坏了北部原有的生态环境,使得环境质量下降;同时,位于柴达木盆地的荒漠"入侵"了青海湖的西北部,致使原有的植被覆盖变成了裸地,从而进一步加剧了生态质量的恶化。

青海湖的西北角被山脉环绕,与西北的柴达木盆地相邻。由上文的推测可以得知,青海湖西北角地区的生态恶化也有可能受到柴达木盆地的荒漠影响。这种影响导致裸土、沙土的面积扩大,而原有的植被面积不断减小并呈现出萎缩的趋势。

6.4 ‖ RSEI空间格局分析

6.4.1 全局自相关结果和分析

表6.2显示了青海省及其内部重点区域的全局莫兰 I 指数(Moran's I),以及检验 Moran's I 指数的 Z 得分和 P 值。可见,Z 得分都高于 2.58,且 P 值小于 0.01,表明随机产生此聚类模式的可能性小于 1%,RSEI 的分布具有空间上的相关性。而从 Moran's I 指数上可以看出青海湖周边地区的 Moran's I 指数高于青海省的 Moran's I 指数,说明青海湖周边地区的生态质量空间格局分布聚集。而对青海省来说,其生态质量空间格局分布较为分散。

表6.2 全局空间自相关结果

地区	Moran's I 指数	Z 得分	P 值
青海省	0.198 0	330.63	0.00
青海湖周边地区	0.288 2	1 287.07	0.00

6.4.2 局部自相关结果和分析

从青海省局部自相关聚散图(彩图14)可以看出,"低—低"聚集区与"高—高"聚集区占绝大部分。且"低—低"聚集区基本分布在西部,"高—高"聚集区则基本分布在东部。这与青海省的生态质量空间格局分布基本一致。"低—低"聚集区所在的柴达木盆地与"高—高"聚集区所在的东部有大量植被覆盖,其生态质量稳定状态都较为牢固,要进行较大的改变是很困难的。

从青海湖周边地区的局部自相关聚散图(彩图15)可以更为明显地看出,环绕青海湖北部的地区与西南角的山脉是"低—低"聚集区,青海湖南侧与东北方向为"高—高"聚集区。其中西南部与东北部,"高—高"聚集区和"低—低"聚集区的交界处存在着大量的"低—高"聚集区。要想让青海湖周边地区的生态得到恢复,首先就要保证"低—高"聚集区不会朝着"高—高"聚集区继续蔓延。同时,做好生态修复工作也要从这些"低—高"聚集区入手,将生态环境保卫战的战线一步步朝着"低—低"聚集区不断推进。

6.5 ‖ RSEI影响因素分析

6.5.1 植被类型对RSEI的影响分析

草地是青海省植被覆盖的主体部分，在青海省东北部靠近西宁市的地区存在着面积较大的耕地和树林，而西南角分布着许多零散的苔藓和地衣，靠近各湖泊和河流的地方有着少量的湿地。结合青海省的生态质量分布图可以得知，苔藓和地衣存在的地区评级为"较差"或"一般"，远低于草地和耕地的评级，可见该种植被类型在生态质量评级提高方面的作用十分有限。耕地所在地区的评级为"一般"或"较好"，而草地所在地区的评级大多为"较好"。可见草地的生态质量评级基本上优于耕地。而树林所在地区的评级基本上为"好"，所以树林的生态质量评级应该为这几种植被类型中最优的。（彩图16）

与青海省相同的是，青海湖周边地区主要的植被类型依旧是草地。不过湿地和耕地的占比相比青海省要高出不少。从青海湖周边地区植被分类图（彩图17）中可以看出，湿地虽然占比不大，但其所在区域的生态质量评级基本为"好",可见湿地对生态质量评级有提升的作用。与青海省不太相同的是,在青海湖周边地区,耕地所在地区的生态质量评级要比周围的草地普遍高一些,这或许和青海湖周边地区的气候,或者与这些耕地所种的作物类型有关。而苔藓和地衣出现在青海湖周边的东北部,沿着山脉生长,它们对生态质量评级的提升作用不大。

6.5.2 高程对RSEI的影响分析

从青海省DEM图(彩图18)可以清晰地看出,青海省的高程分布大致呈北部、中部与南部的"高—低—高"格局。通过对比生态质量分布,可以看出其中部的生态质量评级与高程没有直接联系,而对于北部与西南部来说,高程值较高,可能导致环境、气候等不适合植被生长,所以生态质量评级为"较差"或"一般"。而东南部相较于西南部来说要低一些,因此,生态质量评级表现为"好"或者"较好"。

将青海湖周边地区的DEM图(彩图19)与其生态质量分布图进行对比,难以找到两者之间的联系或规律。东北部的高地势地区在生态质量评级上为"差"和"较差",西南部的高地势地区在生态质量评级上为"较差"、"一般"和"较好",而西南部的低地势地区的评级又变成了"差"和"较差"。因此,对于青海湖周边地区来说,高程并非生态质量的重要影响因素。

6.5.3 降水对RSEI的影响分析

由于青海湖周边地区范围较小,在降水尺度上可以视为几乎无变化。因此,关于降水对RSEI的影响分析,仅从整个青海省的尺度进行。青海省降水分布图(彩图20)显示了在生长季(5~9月)整个青海省的平均降水量分布情况。从图中可以看到,降水基本呈现出"东南高、西北低"的格局。青海省的降水量差距大,其最高降水量与最低降水量的差距可以达到约两个数量级。对比青海省的生态质量分布图,可以发现降水的分布与生态质量的分布类似。东南部降水较多的地区生态质量较高,西北部降水较少的地区生态质量较低。

6.6 ∥ 小结

（1）研究青海省的生态质量时间格局，可以选择生长季（5~9月）的影像，采用三年一合成的方法。这样有效地避免了季节性因素和云对影像遮挡带来的影响。

（2）从2014到2022年，各时段青海省的RSEI均值分别为0.382 5、0.397 5和0.390 7，生态质量先上升后下降，总体趋势为缓慢上升。青海省内的生态质量格局基本为东南好、西北差。从不同时间评级占比变化来说，青海省各个评级的占比在近十年内的变化不大。

各时段青海湖周边地区的RSEI均值分别为0.570 7、0.566 0和0.513 5，生态质量先缓慢下降后大幅下降。这可能与人类活动以及荒漠化有一定的联系。此外，青海湖东北部的尕海沙区和克土沙区面积减少是青海湖水位上涨的结果，如果青海湖水位下降要注意其面积的重新扩大。从不同评级占比上看，评级为"差"的占比近十年内增加了6.90%，评级为"较好"的占比下降了7.29%，青海湖周边地区的生态质量下降十分明显。

（3）青海省的全局Moran's *I*指数为0.198 0,青海湖周边地区的则为0.288 2。从生态质量全局空间格局上讲,青海湖周边地区的聚集程度较高,青海省相比而言较为分散。从局部空间自相关来看,其"低—高"聚集区与"高—低"聚集区比起"高—高"、"低—低"聚集区来说更脆弱,应当给予更多关注。生态修复工作的焦点可以放在"低—高"聚集区上,生态保护工作的焦点可以放在"高—低"聚集区上。对于青海省来说,"低—低"聚集区主要分布在西北部,"高—高"聚集区主要分布在东南部。青海湖周边地区的局部空间自相关分布较为复杂,"高—高"聚集区和"低—低"聚集区交错分层。对于其内部的"低—高"聚集区应当开展生态环境修复工作,避免青海湖周边地区的生态质量继续下降。

（4）植被的类型对青海省及其内部区域的生态质量有一定的影响,总体上来说,树林、湿地的生态质量较高,草地、耕地的生态质量为中等,而苔藓和地衣的生态质量最低。

第七章 结论和展望

7.1 主要结论和建议

本研究结合卫星遥感数据和地面监测结果,通过遥感数据的收集与处理、其他数据资料的收集与分析、模型构建等方法,最终得出青海省湖泊时空动态演变规律及其驱动因子。这一研究不仅为我国相关环境保护问题的决策制定提供了重要的支持,还为进一步探索适合我国国情与相关区域的生态环境保护途径提供了有力的依据。

7.1.1 构建青海省重点湖泊面积变化和湖泊形态变化的数学模型

利用青海省湖泊资源监测成果数据分别提取青海湖、哈拉湖、鄂陵湖、扎陵湖、乌兰乌拉湖等5个青海省重点湖泊的面积观测数据,并使用适当的数学模型定量描述其面积的变化趋势。

青海省五大重点湖泊从整体上看在2000年前呈萎缩态势,之后开始呈扩张趋势。同时,这五大湖泊面积普遍在秋季较高,春季较低,在长时间尺度下具有明显的季节周期性变化。这些湖泊的形状变化普遍和地形相关,同时受到不同年份气候(比如盛行风向等)条件的影响。从垂直分布来看,青海省湖泊集中分布在海拔4 000～5 000 m这个范围内,该范围内的湖泊数量变化在长时间序列上更为明显。

经过率定后的SWAT模型在青海湖流域地区的适用性较好,为研究湖泊的历史变化特征和未来发展预测提供了有力的数据支撑和理论依据。此外,灰色预测模型可以在理论上较好地对青海省五大重点湖泊面积变化进行模拟和预测。这些模型和工具的应用,有助于我们更深入地理解湖泊生态系统的动态变化,为湖泊保护和可持续利用提供科学依据。

7.1.2 分析重点湖泊水域和其他土地利用类型的转移变化特点及影响

1985—2020年青海省重点湖泊水域主要土地利用/覆盖类型为草地、水体和裸地,耕地、雪/冰、林地、湿地占比微小且呈零星分布;1985—2020年青海省重点湖泊水域土地利用转移变化主要发生在草地、裸地和水体之间。扎陵湖和鄂陵湖湖区、乌兰乌拉湖湖区、哈拉湖湖区和青海湖湖区水体净转移量变换的时间分界点各不相同,水体净转移量为负时,主要表现为水体向草地和裸地转移。除青海湖湖泊水域内的耕地面积在1985—2000年整体波动性增加,2000年急速减少后维持稳定外,其余湖泊水域内的耕地面积分别在2000年、2000年和2005年衰减为0。2000—2020年青海省重点湖泊水域积雪覆盖率整体呈递增趋势,四大湖区(青海湖湖区、哈拉湖湖区、扎陵湖和鄂陵湖湖区、乌兰乌拉湖湖区)积雪覆盖率区间分别为 3.86%~10.52%、15.78%~39.81%、11.74%~30.97%和21.17%~38.65%,均在2019年达到最大值。

2000—2020年青海省各重点湖泊水域积雪天数变化有各自规律,但整体上又受同样区域因素影响出现相似变化。青海湖湖泊水域,2000—2020年积雪天数无明显时长和分布变化;哈拉湖湖泊水域相较其他湖区纬度较高,湖区盛行西风且哈拉湖东部构造特征呈"两凹一隆",往东地层逐渐抬升,东部比西部温度微有升高致使其气候条件更易保存积雪,研究期内积雪天数分布一直由东向西蔓延;扎陵湖和鄂陵湖湖泊水域积雪天数变化总是发生在扎陵湖西南角向湖体侵蚀变化时,扎陵湖西南角为黄河入湖口处;乌兰乌拉湖湖泊水域北部因地形结构,积雪天数累计增加并从东北方向由水体区域向外扩散。

7.1.3 揭示人类活动因素与重点湖泊水域动态变化之间关系的时空演变规律

通过分析湖泊水体与周边受人类活动影响的土地利用类型的关系,得出湿地面积与湖泊水体面积大致呈负相关,且湿地面积较小时,湖泊水体面积产生突变的次数增多,湖泊水体面积的变化情况更加不稳定。耕地面积与湖泊水体面积大致呈负相关,总体来说,湖泊周边的耕地面积呈减少的趋势。林地面积与湖泊水体面积大致呈正相关,扎陵湖、鄂陵湖周边林地面积在1991—1995年间呈现出快速增加的趋势,之后面积变化趋于平缓。草地面积与湖泊水体面积大致呈正相关,鄂陵湖和扎陵湖周边草地利用面积总体下降,其余湖泊周边的草地面积总体保持基本恒定。1990—2022年间湖泊周边的裸地面积总体呈"上升—下降—上升"的趋势,最大值普遍出现在1997年前后。湖泊水体面积与裸地面积的关系大致呈正相关,但裸地面积的变化相对于水体面积的变化有一定的滞后性,滞后时间在2~3年。灌木面积与湖泊水体面积的关系大致呈负相关,总体来说,灌木面积呈现出缓慢减少的趋势。人口密度与湖泊水体面积间没有很强的联系性。

在使用熵值法研究不同人类活动用地对湖泊影响的权重时发现:在青海湖周边地区,湿地的影响权重最大,草地的影响权重最小;在哈拉湖周边地区,林地的影响权重最大,湿地、裸地等都对水体面积造成负面影响;在鄂陵湖周边地区,裸地的影响权重最大,且耕地对湖泊水体面积产生较大的负面影响;在扎陵湖周边地区,林地的影响权重最大;在乌兰乌拉湖周边地区,湿地的影响权重最大。使用加权最小平方法分析权重后发现,草地在各湖泊周边用地中都显示出了很高的影响权重,耕地的影响权重仅次于草地,位列第二,林地、湿地也显示出了一定的影响权重,分别位列第三和第四。

7.1.4 综合统计分析青海省重点湖泊时空演变过程及规律

研究周期内,青海省五大重点湖泊的面积变化呈现出波动下降后波动上升的趋势,对应的蒸散发亦呈现出相似的变化。青海省内的生态质量格局基本为东南好、西北差。从生态质量全局空间格局上讲,青海湖周边地区的聚集程度较高,青海省相比而言较为分散。植被的类型对青海省及其内部区域的生态质量有一定的影响,总体上来说,树林、湿地的生态质量较高,草地、耕地的生态质量为中等,而苔藓和地衣的生态质量最低。气候变化、人类活动以及自然因素等多重因素都在不同程度上共同作用于湖泊水量和蒸散发产生的变化。特别是在某些突变的年份,这些作用的结果可能更加显著,从而导致湖泊面积及蒸散发的突变。

因此,还需要进一步深入研究各种因素的相互作用机制,以便更好地理解湖泊的时空演变过程及规律。

7.2 展望

生态文明建设已经融入国家治理体系,与人类命运共同体的发展息息相关。青藏高原因其生态脆弱性,更显保护之重要。青海省内的青海湖、哈拉湖、鄂陵湖、扎陵湖和乌兰乌拉湖,这五大重点湖泊是维系青藏高原生态可持续发展的重要区域。本研究结合遥感、地理信息、大气科学、环境科学、自然地理以及生态学等多学科知识,分析了青海省湖泊时空动态演变规律及驱动因子,为我国相关环境保护问题的决策提供了科学依据,并为进一步探索出一条符合我国国情与相关区域内生态环境保护的路径提供了研究基础。

未来,可使用人工智能(AI)和机器学习(ML)技术来处理遥感数据。利用深度学习和卷积神经网络等技术,对遥感影像进行自动分类、目标检测和提取等,从而提高数据的准确性和精度。

本书主要侧重于研究自然要素和人类活动对青海省湖泊的响应关系,为了更好地服务于经济建设和生态环境质量评估,后续研究可引入人文、经济等多维度要素,进行全方位分析,探究出一条既符合青海省实际,又促进人与自然和谐相处的生态环境保护和修复之路。

重要参考文献

[1]伏洋,张国胜,李凤霞,等.青海高原气候变化的环境响应[J].干旱区研究,2009,26(2):267-276.

[2]姜永见,李世杰,沈德福,等.青藏高原近40年来气候变化特征及湖泊环境响应[J].地理科学,2012,32(12):1503-1512.

[3]李林,朱西德,王振宇,等.近42a来青海湖水位变化的影响因子及其趋势预测[J].中国沙漠,2005,25(5):689-696.

[4]马耀明,胡泽勇,王宾宾,等.青藏高原多圈层地气相互作用过程研究进展和回顾[J].高原气象,2021,40(6):1241-1262.

[5]范建华,施雅风.气候变化对青海湖水情的影响——Ⅰ.近30年时期的分析[J].中国科学(B辑),1992(5):537-542.

[6]高华中,贾玉连.西北典型内陆湖泊近40年来的演化特点及机制

分析[J].干旱区资源与环境,2005(5):93-96.

[7]刘可群,梁益同,周金莲,等.人类活动与气候变化对洪湖春旱的影响[J].生态学报,2014,34(5):1302-1310.

[8]韩艳莉,陈克龙,于德永.土地利用变化对青海湖流域生境质量的影响[J].生态环境学报,2019,28(10):2035-2044.

[9]戴升,保广裕,祁贵明,等.气候变暖背景下极端气候对青海祁连山水文水资源的影响[J].冰川冻土,2019,41(5):1053-1066.

[10]崔锦霞,郭安廷,杜荣祥,等.1990～2015年青海省湖泊时空变化及其对气候变化的响应分析[J].长江流域资源与环境,2018,27(3):658-670.

[11]秦伯强.气候变化对内陆湖泊影响分析[J].地理科学,1993,13(3):212-219.

[12]曾昔,肖天贵,假拉.近20年青海湖的面积变化特征及其与周围气候变化的响应[J].成都信息工程大学学报,2018,33(4):438-447.

[13]闫立娟,郑绵平,魏乐军.近40年来青藏高原湖泊变迁及其对气候变化的响应[J].地学前缘,2016,23(4):310-323.

[14]王容,刘元波,王若男,等.GLEAM和MOD16蒸散发产品在青藏高原中东南湖泊流域的适用性评价[J].湖泊科学,2023,35(3):1057-1071.

[15]陈桂琛,彭敏,周立华,等.青海湖地区生态环境演变与人类活动关系的初步研究[J].生态学杂志,1994,13(2):44-49.

[16]陈桂琛,彭敏,周立华,等.青海湖地区人类活动对生态环境影响及其保护对策[J].干旱区地理,1995,18(3):57-62.

[17]朱琰,崔广柏,杨珏.青海湖萎缩干涸原因、发展趋势及对生态环境的影响[J].河海大学学报(自然科学版),2001,29(4):104-108.

[18]沈芳,匡定波.青海湖最近25年变化的遥感调查与研究[J].湖泊科学,2003,15(4):289-296.

[19]万玮,肖鹏峰,冯学智,等.卫星遥感监测近30年来青藏高原湖泊变化[J].科学通报,2014,59(8):701-714.

[20]韩伟孝,黄春林,王昀琛,等.基于长时序Landsat5/8多波段遥感影像的青海湖面积变化研究[J].地球科学进展,2019,34(4):346-355.

[21]张洪源,吴艳红,刘衍君,等.近20年青海湖水量变化遥感分析[J].地理科学进展,2018,37(6):823-832.

[22]李振南,雷伟伟,王一帆,等.基于多源卫星测高数据的青海湖水位变化研究[J].测绘科学,2023,48(5):140-151.